선사가 들려주는
우주 이야기

선사가 들려주는 **우주 이야기**

초판 1쇄 인쇄 2022년 7월 20일
초판 1쇄 발행 2022년 7월 25일

지은이 최상욱
펴낸이 金泰奉
펴낸곳 한솜미디어
등 록 제5-213호

편 집 김태일, 김수정
마케팅 김명준

주 소 (우 05044) 서울시 광진구 아차산로 413(구의동 243-22)
전 화 (02)454-0492(代)
팩 스 (02)454-0493
이메일 hansom@hansom.co.kr
홈페이지 www.hansomt.co.kr

ISBN 978-89-5959-559 4 (03220)

*책값은 표지에 표시되어 있습니다.
*잘못 만들어진 책은 구입하신 서점에서 친절하게 바꿔드립니다.

* 이 책에 사용된 일부 도판에 대해서는
저작권자가 확인되는 대로 게재 허락을 받고 사용료를 지불하겠습니다.

선사가 들려주는
우주 이야기

최상욱 지음

한솜미디어

> 우리는 모두가 눈물 없이는 이 진실을 밝혀낼 수가 없는 것입니다. 그 진실한 눈물, 오장육부의 뼛속에서 흘려져 나오는 그 피 한 방울이 아니라면 이 우주에 전율이 흐르는 그 대도의 이치를 아마도 까맣게 모르실 겁니다.
>
> — 대행선사 법어

'돌장승이 아이 낳는 소식'은 선불교 등에서 견성의 소식을 전해 왔다. 그러나 위 법문에서 대행선사는 '돌장승이 눈물 흘리는 소식'을 설법하고 있다. 즉 현상계와 절대계를 아우르는 위대한 대승의 진리인 보살도를, 자비심을 설하고 있다.

감동적이지 않습니까? 사족의 말을 붙입니다.

— 필자

| 머리말 |

    필자가 지구물리학 연구를 시작하게 된 동기는 고등학교 지구과학 시간에 지진파에 대하여 배울 때이다. 기존 지진파 연구에 의하면 지구 외핵은 액체 혹은 기체일 가능성이 있는데, 지구물리학에서는 액체라고 결론을 내리고 있다. 하지만 그 당시 지구가 비었을 수도 있다고 생각이 들었지만, 지구 내부의 높은 온도와 압력으로 미루어볼 때 상식적으로 허무맹랑한 생각이라고 무시하는 순간, 지구가 비었다는 직관적 느낌에 온몸이 전율에 휩싸였다.
    필자는 설명할 수 없지만 지구가 텅 비어 있다는 막연한 확신을 가지고 지내왔다. 이 막연한 생각을 확신하게 된 계기는 필자가 미국에서 유학 중 대행선사의 법문을 듣고 나서이다. 미국 한마음선원 워싱턴지원에서 대행선사 비디오법문을 듣고 있던 어느 여름날이었던 것으로 기억된다. 앞줄에 앉아 죄송스럽게도 나는 졸고 있었고, 잠결에 스쳐가는 "허허… 지구가 비었어… 달도 비었어…" 하시는 큰스님 말씀이 나의 정신을 버쩍 들게 하였다. 만물만생 일체가 텅 비어 있는, 드높은 공한 도리를 말씀하셨다면, 예나 지금이나 기본이 없는 필자로서는 듣지 못하였을 것이다. 고등학교 지구과학 시간에 지진파를 배울 때, 지구가 비

없을 수도 있다는 생각에 느꼈던 전율과 대학교 때 문과계열 공부를 하면서 읽었던 과학 철학, 통속과학, 유사과학 책 등을 통해 지구 및 모든 행성들이 비었을 거라는 막연한 확신을 가지고 있었던 나에게는 오랜 고민이 확신으로 다가오는 순간이기도 하였다.

당시 필자는 상경계열 학부를 졸업하고 사회생활을 하다가, 최대 관심사인 '우주'에 대한 공부를 하기 위해 물리학과에 입학하여, 천체물리학 연구에 필요한 기초과목들을 배우고, 미국 메릴랜드 대학에서 중성자를 이용한 물질의 구조(SANS)에 대하여 연구하고 있을 때였다. 그런데 당시 미국 유학 중에 접한 대행선사의 법문집은 온통 필자의 관심사인 '우주에 대한 이야기'로 채워져 있었다. 자연스럽게 필자는 대행선사 과학법문 연구가 유일한 관심사가 되었으며, 이 책을 쓴 계기가 되었다.

이 글을 쓰면서 감사를 드릴 많은 분들이 계신데, 지금은 입적하신 워싱턴지원의 혜양스님과 필자가 어려울 때 조언해 주시고 한마음 내어주시는 혜종스님에게 특별한 감사를 드린다. 더불어 이 저서를 집필하는 동안 항상 응원과 조언을 아끼지 않은 안인옥, 안영우 박사님을 비롯한 한마음과학원 법문연구팀 도반님들에게 감사함을 표한다. 또한 본 저서의 그림을 그려준 애제자, 미술학도 유시내 양에게 고마움을 전한다.

끝으로 필자의 제멋대로 인생길에서 엄청 민폐를 끼치게 된 부모님, 가족 모두에게 깊이깊이 미안한 마음을 전한다.

| 목차 |

머리말/ 6

들어가는 말/ 11

제1부 · 우주의 창조와 진화/ 19
  1. 빅뱅, 우주의 탄생/ 20
  2. 우주거대구조/ 25
    2-1. 그물 모양의 우주거대구조/ 25
    2-2. 우주거대구조와 인간/ 28

제2부 · 은하계/ 33
  1. 은하계의 집단/ 34
  2. 은하계의 구조 및 크기에 따른 분류/ 35
    2-1. 중세계(중간우주)/ 36
    2-2. 하세계(소우주)/ 39
    2-3. 상세계(상우주) 및 도솔천 은하계(범천)/ 41
  3. 은하계의 성장/ 45
  4. 입자를 매개로 한 물질형성/ 47

제3부 · 은하계와 블랙홀/ 53

1. 은하계 중심에 있는 거대블랙홀/ 54
2. 블랙홀 형성/ 56
3. 블랙홀은 별성을 낳는 생산처/ 60
4. 한마음 불바퀴 작용으로서 블랙홀/ 64

제4부 · 블랙홀 소통/ 67

1. 거시세계에서의 블랙홀과 화이트홀/ 68
2. 미시세계에서의 입자와 반입자 및 블랙홀 소통/ 70
    - 2-1. 미시세계의 물질과 반물질/ 70
    - 2-2. 블랙홀 소통과 미시세계 진공에서의 양자요동/ 73
    - 2-3. 현대물리학에서의 진공과 대승불교의 오온개공/ 77

제5부 · 별: 별의 삶과 죽음/ 83

1. 별의 탄생/ 87
2. 별의 진화/ 92

제6부 · 태양계/ 101

1. 태양/ 104
    - 1-1. 태양의 에너지 생성반응/ 104
    - 1-2. 태양의 구조/ 108
2. 태양계 행성들 및 생명체/ 118
    - 2-1. 생명의 기원과 진화/ 118
    - 2-2. 태양계 내의 생명체/ 135

2-3. 태양계 행성들과 고등행성문명/ 142
       2-3-1. 수성/ 144
       2-3-2. 금성/ 146
       2-3-3. 화성/ 149
       2-3-4. 목성/ 152
       2-3-5. 지구/ 156
       2-3-6. 기타 물이 존재하는 태양계 위성들/ 158
   3. 비행접시: Identified Flying Object(IFO)/ 163

제7부 · 텅 빈 지구와 달/ 171
   1. 지구 외부구조/ 172
   2. 지구 내부구조/ 183
       2-1. 기존 지구물리학의 꽉 찬 내부구조/ 183
       2-2. 텅 빈 지구 내부구조/ 187
   3. 텅 빈 달의 내부구조/ 201

나가는 말/ 205
◆ 참고 문헌/ 208
◆ 대행선사 법문 출처/ 211
◆ 사진 및 그림 출처/ 212
◆ 부록(Appendix)/ 213

   - 논문: 지구의 내부 구조에 대한 연구(텅 빈 삼겹구조)

| 들어가는 말 |

별은 우리에게 가슴 뛰는 이야기이다. 칸트는 '실천이성비판'에서 "나를 외경심으로 채우는 두 가지가 있는데, 그중 하나는 내 위에 있는 별이 빛나는 하늘이며, 다른 하나는 내 안에 있는 도덕법칙이다."라고 하였다[1]. 칸트뿐이겠는가?

"Two things fill the mind with ever new and increasing admiration and awe, the more often and steadily we reflect upon them: the starry heavens above me and the moral law within me."

별 하나 나 하나, 별 둘 나 둘…. 별은 누구의 전유물이 아니고, 태양이라는 커튼이 내리고 우주가 제 모습을 드러내는 밤이 찾아오면, 별을 찾는 모든 이가 공유하는 일종의 보석인 것이다. 천체물리학적으로 볼 때, 별은 우리 친구들이다. 즉 우리의 몸을 이루는 구성성분은 별이 성장하고 폭발할 때 만들어진 것이고, 죽을 때 다시 그 성분은 자연으로 돌아간다.

〈사진 1-1〉 Hubble Ultra Deep Field: 약 130억여 년 전 우주 모습

출처: NASA; Astronomy Picture of the Day

도입한 NASA 〈사진 1-1〉은 대략 130억 년 전, 우주 탄생 후 얼마 되지 않은 뒤 태어난 은하계들을 담고 있다. 지구 상공에 있는 허블우주망원경을 이용하여 화로(Fornax) 별자리 근처의 대략 손톱 크기의 영역을 찍은 사진이다. 즉 우리는 약 130억 년 전 과거를 보고 있는 것이다.

빛나는 크고 작은 각각의 점들은 별이 아니라 은하계인데, 우리 은하계는 약 1,000억 개의 별 그리고 거대 은하계는 약 100조 개의 별을 포함하고 있다. 태양과 지구의 나이가 약 45억 년이고, 지구 위에서 생명이 본격적으로 폭발한 것이 약 5억 년 전, 공룡이 번성했던 시기가 대략 2억 5천만 년~6천 5백만 년 전 그리고 신화의 형태라도 역사 속에서 논할 수 있는 인간의 역사가 대략 만 년 전인 점을 감안하면, 〈사진 1-1〉의 제목(Hubble Ultra Deep Field)처럼 우리가 얼마나 깊고 깊은 우주공간을 들여다보고 있는지 이해될 것이다. 물론, 이 사진 속에 있는 은하계들의 많은 별들은 오래전에 폭발하여 죽음을 맞이하고 지금은 존재하지 않는다. 그러므로 우리는 시공간을 넘어서 우리 친구들을 만나고 있는 것이다.

우리 몸을 구성하고 있는 기본물질인 단백질은 탄소, 수소를 주성분으로 하는 복합물질이다. 특히 탄소는 유기화합물의 골격이 되는 원소로 생명의 탄생에 중요한 역할을 한다[2]. 여기에 질소, 산소, 인 그리고 황이 더해져서 생명체를 형성한다. 태양과 같은 별들은 수소를 원료로 하여 에너지를 발생시키는 덩어리이다.(수소폭탄과 같은 원리) 그런데 인체를 구성하는 탄소·질소·산소를 포함하여 생명 유지에 필요한 무기물인 철·칼슘·마그네슘 등 무거운 원소들은 별들이 성장하고, 죽음을 맞이하여 폭발할 때 고온 고압의 환경 속에서 생겨난 물질들이다. 즉 우리 몸을 구성하는 물질은 밤하늘의 별들이 삶과 죽음을 통해 만든 것이다. 그러므로 우리는 시공을 넘어 별들과 같은 사슬고리로 생성소멸하고 있다고 할 수 있다.

이번 대행선사의 과학법문 정리는 우주에서 시작하고자 한다. 정리 순서는 우주에서 은하계, 별, 태양계, 지구로 그리고 나, 나에게로 돌아올 것이다. 이 과정에서 물리적 미시세계의 입자, 생명, 물질, 물리적 시공간에 대해서도 소개하려고 한다. 왜냐하면 우주라는 거시세계와 소립자가 춤추는 미시세계는 독립적이 아닌 서로 연결된 세계이기 때문이다. 그리고 설명형식은 천체물리학 등 자연과학에 대한 큰스님 법문을 중심으로 인용하고, 현대 물리학 관점에서 설명을 붙이도록 하겠다. 큰스님 과학법문과 물리학을 연관시켜 설명하되, 되도록이면 불필요하게 전문적 식견을 핑계로 그 본질을 흐리지 않도록 하려 한다. 즉 대행선사의 과학법문이 본 저술의 주된 뼈대가 될 것이다.

대행스님께서는 문과 이과 학문 전체를 아울러, 심성과학이 되어야 한다고 하셨는데, 이는 한마음 주인공[1] 작용으로서 현상세계에 보살도를 구현하고자 하는 자비심으로 필자는 받아들이고 있다. 무의 세계 50%, 유의 세계 50%로 보살도를 구현하며 끝 간 데 없이 영원한 길을 살아가는 현상세계에서 근기 높으신 분들이야 어려운 환경이 마음공부의 거름이 되겠지만, 하루하루 생활고에 매몰되어 사는 중생들에게는 일상생활을 공부 재료 삼아 수행하는 '한마음 주인공 공부'가 쉽지 않으리라 생각된다. 심성과학

---

1) 주인공(主人空) : 우리 모두 스스로 갖추어 가지고 있는 근본마음으로 일체 만물만생의 근본과 직결된 자리. 나를 존재하게 하고, 나를 움직이게 하며, 내 모든 것을 관장하는 참 주인이므로 주인이며, 매 순간 쉴 사이 없이 변하고 돌아가 고정된 실체가 없으므로 비어 있다고 할 수 있기 때문에 빌 공(空)자를 써서, 주인공(主人空)이라 함. 본래면목, 참나, 성품, 불성 등 여러 가지로 지칭할 수 있음. 대행선사(2014), 『Mind, Treasure House of Happiness』, 한마음국제문화원, p. 42.

으로서 내 중생, 내 나라, 나아가 지구촌의 물질 및 정신세계를 한 차원 향상시켜 놓아야 생활고에 매몰되어, '참나' 생각 한번 못하고 살아가는 범부 중생들에게 '한마음 주인공 공부' 생각할 여유라도 주지 않을까 한다. 그러므로 심성과학을 현상계에 적용해 펼쳐나가는 것이 또한 현상계에서의 보살도 구현에 작은 보탬이 되지 않을까 하고 필자는 이해하고 있다.

우주의 성주가 내 성주이고 내 성주가 우주의 성주이니 이 도리를 안다면, 한국에도 주인이 있다면 어떻게 되겠는가? 여러분이 이 공부를 한다면 집주인이 엄연히 있으니 자기 정신을 빼앗기지도 않고, 남에게 실험을 당하지도 않는다. 우리는 3차원에 살고 있는데 4차원의 세계 사람들에게 실험도구로 부려질 수도 있다. 지금까지 그렇게 되어왔다. 그래도 괜찮은가? 또한 어떤 경쟁이 생겨서 능력의 공기를 흡수당하는 수가 있는데 그렇게 되면 병이 많이 든다. 그러나 누가 빼앗아갔는지, 어디서 그런지 알 수가 없다. 만약에 유전자의 능력까지도 몽땅 빼앗긴다면 그 것은 피를 몽땅 빼앗기는 것과 마찬가지이므로 껍데기만 남아 흙과 물로 변해 버리겠지만 주인이 있다면 감히 그렇게 할 수 없다. 그런데 어째서 농락을 당하면서 사는가? 왜 이러한 이야기를 하는가 하면 앞날을 위해, 연구하는 사람을 위해서, 또 수십 번 다시 태어날지라도, 수십억 년이 걸리더라도 이러한 도리를 모두가 알아야 하겠기에 하는 말이다.

세 개의 우주 뒷면에는 도솔천국 즉, 어마어마한 범천이 있다. 이런 것을 그냥 알 수는 없다. 내 마음을 두루 깨우쳐서 다 성장되어 아주 하얗게 깨우쳐 알아야 한다. 만약 범천이 있다면 범천과 더불어 같이 할 수 있고, 대치해서 막을 수 있고, 서로 상응할 수 있어야 한다. 이것의 속 내용은 일일이 말로 할 수는 없다. 가고 오는 사이 없이, 행하는 사이 없이 행하는 자유스러운 그것, 그것을 깨닫지 않고는 알 수가 없다. 그럼에도 불구하고 이야기하는 까닭은 깨달은 분들과 앞으로 살아 나갈 여러분을 위해서 이야기해 놓는 것이다. 모를 일이다. 이렇게 해놓는 이야기들이 없어질는지, 지워질는지, 하지만 나로서는 이제 그럴 수밖에 없다. 범천이라는 것은 너무나 어마어마하고 광대하다. 우리가 사는 은하계는 아주 작은 지방 정도이다. 그 방대한 은하계 안에는 양쪽에 사람의 유방처럼 불쑥 나와 있다. 그것들의 역할은 모든 곳의 무전을 송수신하는 것이고, 그 은하계를 돌고 있는 12개의 외성은 참으로 찬란하고 아름다운 것이다.[2]

필자에게는 위에 소개한 '우주의 실상'에 대한 법문에서 대행스님의 진한 자비심이 느껴진다. 대행스님의 과학법문을 대행스님 법문 중심으로 천체물리학 관점에서 정리하고자 하는 동기도, 순전히 위에서 인용한 스님 법문에서 전해 오는 스님의 자비심에 기인한다. 필자가 알고 있는 한 어느 선사, 고승, 도인도 큰스님처럼 천체물리학, 의학, 이과, 공학 분야에 대해 자세히 설명하신 분이 없다. 1980년대 정보를 얻기 어려운 때에 큰스님께서 설법하신 과학법문 중 많은 부분이 현대과학이 밝혀낸 전문적인 사실과 일치한다는 점은 놀라운 일이다. 물론 스님의 과학법문을 살

---

2) 대행선사(1987), 『영원한 나를 찾아서』, 글수레, p. 183.

펴보면, 많은 부분은 현대물리학으로 설명할 수 있지만 설명할 수 없는 —큰스님께서도 사람들이 나보고 미쳤다고 할 것이라고 표현하셨지만— 현대물리학 관점에서 황당무계한 설법도 많이 보인다. 물리학자들은 그 설법을 유사과학으로 보는 것이 당연하겠지만 그러나 현상계와 절대계를 넘나드는 큰스님 과학법문은 현대물리학이 모르는 영역이다. 그래서 필자는 큰스님 과학법문을 유력한 가설로 보고 진리를 향한 설레이는 마음으로, 그와 같은 법문들에 접근할 것이다. 앞서간 어느 선사, 도인도 밝혀 설법하지 않은 우주의 숨은 비밀을 —자주하시는 말씀. 내 몸이 가루가, 벌레가 되어도 좋다는— 진한 자비심, 보살심으로 밝히려 하셨다는 것에 대한 감동 때문에 또한 스님의 과학법문이 그냥 어영부영 없어질세라 조바심으로 물리적 관점에서 큰스님 과학법문 정리를 해나가면서, 스님의 심성과학을 통한 보살도 구현의 그 깊은 뜻에 조금이라도 일조하고 싶은 것이 필자의 바람이다.

대행선사께서 회고한 말씀을 아래에 인용하면서 다음 장에서 '선사가 들려주는 우주 이야기'를 시작하고자 한다.

> "밤마다 별을 헤아리며 천지 운행의 이치를 참구해 나갈 때 하루는 '암흑이 광명이 되었느니라.' 하는 가르침을 들었다. 나름대로 우주의 탄생과 전말이 손에 잡힐 듯이 느껴졌고 그래서 태양계의 행성들, 태양계 너머 은하계와 그 바깥 세계의 살림살이를 탐색하게 되었다. 이 우주가 탄생할 때 지, 수, 풍이 섞여 돌면서 거기에 온기가 생기고 그로부터 생명이 모습을 드러낸

이치라든가, 온 우주가 탄생하면서 수없는 은하계가 형성되고 그 속에서 또 태양계가 형성된 도리를 알게 되었다. 그러다 보니 한편으로는 과학 문명의 시대엔 오신통도 소용없다는 것을 알았다. 일일이 말로 다 설명할 수 없는 일이지만 과학 이전에 마음을 알아야 우주 탐사도 가능하다는 것을 느꼈다. 하늘의 길은 그야말로 광대하여 무변 무제할 뿐이었으니 겨울의 강바람조차 느끼지 못할 때가 많았다."[3]

---

3) 대행선사(2010), 『한마음요전』, p. 87, (재)한마음선원.

제1부
우주의 창조와 진화

1. 빅뱅, 우주의 탄생

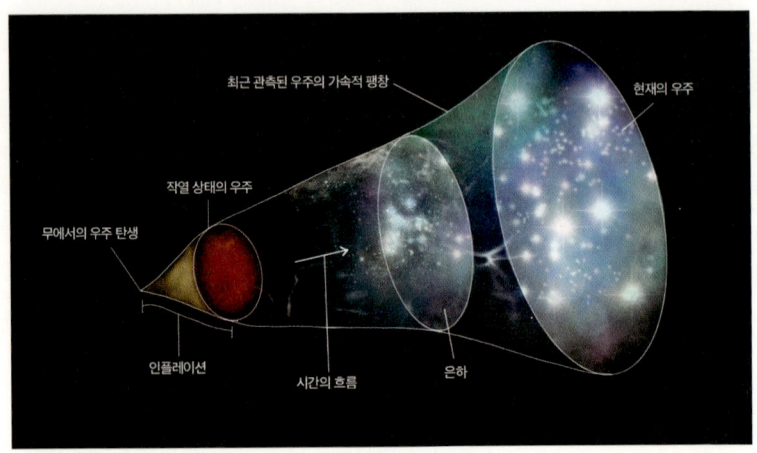

〈그림 2-1〉 빅뱅: 우주 탄생과 우주의 진화

　〈그림 2-1〉은 우주 탄생(빅뱅)으로부터 현재까지 약 137억 년간의 우주가 진화되어 간 과정을 시간과 공간좌표로 나타낸 것이다. 빅뱅 이론에 따르면 우주는 고밀도의 점 혹은 무(無)에서 탄생하였다. 그리고 우주는 탄생 직후에 인플레이션이라는 급팽창을 함에 따라서 온도가 내려가고, 우주 탄생 후 약 38만 년 후에 원자핵과 전자가 결합하여 원자가 생겨났다. 즉 빅뱅 이후 들끓는 상태로 공간 속에 퍼져 있던 소립자들이 모여서 원자가 생겨남으로써, 그동안 입자들과의 충돌로 자유롭지 못하던 빛이 분리되어 자유롭게 이동하게 되었다. 그 결과 우주는 암흑 속에서 광명이

펼쳐지게 되었다. 그리고 천체가 존재하지 않는 약 3억 년의 은하 형성의 암흑기를 거쳐서 이 원자들이 모여 분자가 되고, 마침내 물질들이 모여 별과 은하계가 형성되었다.

즉, 빅뱅우주론에 따르면 우주는 137억 년 전에 탄생하여 시간과 공간, 물질이 생겨나고 진화하여 오늘날 은하계를 단위로 하는 우주를 이루었다는 것이다. 그러나 우주 탄생 이전의 시기와 우주 탄생의 순간에 대해서는 다중우주론 등 몇 가지 가설이 있지만 정확하게 알 수가 없다[2]. 그런 점에서 대행선사의 "생명이 있는 것들이 한데 합치니 능력이 폭발되는 것이다. 이때에는 좋다 나쁘다도 없다. 그저 폭발되었을 뿐이다."라는 표현이 오히려 적절할 것이다. 또한 스님께서는 아래에 인용한 법문에서 보듯이, 빅뱅 이전 혹은 언저리 부근에 해당하는 태초에 대해 설법을 해주셨는데 〈그림 2-1〉에서는 백지에 해당하는 부분이다. 즉 독자들께서는 한마음은 시공이 없는 절대계이니, 시간과 공간의 좌표로 표현한 현상계(물질세계)를 나타내는 빅뱅을 나타내는 〈그림 2-1〉의 바탕이 되는 백지라고 이해해 주시면 되겠다.

참고로 다소 어려운 개념이지만, 우리는 시간과 공간이라는 통속에서 살고 있다. 우주라는 시간과 공간, 물질세계의 통을 벗어난 영역을 물리학에서는 '시간과 공간이 있다. 없다.'라기보다는 '시간과 공간이 의미 없다.'라고 설명한다[3]. 큰스님께서는 "우주 전체가 시공을 초월해서 돌아가고 있다. 한마음으로 돌아가고 있다."4)라고 설법하신 바가 있다.

과학자들은 단순히 지·수·화·풍이 모여서 삼라만상이 벌어졌다고 할지도 모르겠지만 '한 생명'이 없다면 이루어질 수가 없다. 바람이 불고 물과 먼지가 한데 합치면 마치 퇴비를 모아 놓았을 때 뜨거운 열과 가스가 나오고 쓰레기에서는 벌레가 생기듯, 생명 있는 것들이 한데 합치니 능력이 폭발되는 것이다. 이때에는 좋다 나쁘다도 없다. 그저 폭발되었을 뿐이다.

이렇게 해서 생긴 생명체들이 밝음을 알게 되고 그것이 반사되어 자기의 분수를 알게 된다. 이것이 진화이자 창조이다. 이러한 것이 불성의 조화가 아니라면 어떻게 될 수 있겠는가? 이렇게 지수화풍이 합치면서 큰 성주를 이루었다는 것은 지수화풍이 합쳐서 힘이 솟았다는 것이고, 힘이 솟았다는 것은 화(化)하였다는 것이다. 이렇게 화하고 나니 지수화풍이란 말도 나올 수 없게 된 것이다. 즉, 지수화풍이 바탕이 돼서 성주를 이룬 것이다. 곧 우주를 이루었다는 말이다. 그러다가 어느 날 홀연히 한생각을 하여 우주를 셋으로 나누었다. 그 가운데 부분이 우리가 통상 우주라고 하는 것이다.

우리는 우주가 하나인 줄 알지만 실은 종합해서 대천세계, 중천세계, 소천세계로 나눌 수 있다. 비유로 계속 설명한다. 그 세 우주를 아들에게 나누어 주었는데, 세 아들이 바로 아버지이고 아버지가 바로 세 아들이다. 이것은 깨달은 사람이 아니면 알 수가 없다. 그 세 아들 중 첫째 아들은 칠 형제를 낳고, 가운데 아들은 삼 형제를 낳고, 셋째 아들은 오 형제를 낳았다. 그리고 그 가운데 아들이 낳은 삼 형제가 다시 칠 형제를 낳았는데 그 중

---

4) 대행선사(1999), 『허공을 걷는 길: 국외지원법회』, 1권, p. 79, (재)한마음선원.
5) 대행선사(1987), 『영원한 나를 찾아서』, 글수레, p. 183.

삼 형제는 생명을 불어넣어 주는 책임을 맡았고 나머지 사 형제는 물질을 만드는 책임을 맡았다. 처음에 물질을 만들 때는 경험이 없는 까닭으로 집을 짓더라도 길죽하게 상투 하나 있는 것처럼 삼각형으로 모양만 겨우 냈었다.

  그런 식으로 집을 짓고 생명을 불어넣고 하다가, 세 칸 집이 다섯 칸 집이 되고 방대해지니 길을 닦아야 할 필요가 생겼다. 길을 닦아서 그것에 생명을 불어넣으니 수많은 분야가 생기고 다양해지면서 수많은 자식들, 즉 수많은 별들이 생기게 된 것이다. 그러나 그 수많은 자식들이 서로 다른 것이 아니고 성주가 삼 형제이고, 형제가 칠 형제이고, 칠 형제가 수많은 자식인 것이며, 수천 수십만이 되어도 성주 하나인 것이다. 이렇게 수없이 만들다 보니 모든 물질이 나오고 태양이 나왔다. 근본에서 근본이 나온 것이다. 이러한 은하계, 태양계는 수없이 많다. 우리는 우리의 태양계가 대단한 줄 알지만 그렇지는 않다. 우리 식으로 이야기하자면 시골의 변두리 정도이다. 그런데 그렇게 은하계가 많고 태양이 많고 별들이 많다 할지라도 바로 이 한 점의 생각으로 모든 것을 쌀 수 있다면 얼마나 위대한 것인가.

  …(생략) 5)

  위에 인용한 큰스님 법문은 '우주의 실상'에 대한 난해한 법문이다. 최근에 출판된 '허공을 걷는 길, 일반법회' 편을 읽어보신 독자들께서는 짐작하셨겠지만, 일반법회 1,2권은 위의 법문과 같은 맥락의 내용으로 많은 부분이 채워져 있다. 독자들께서는 우선은 위에 인용한 스님 법문 중 처음과 끝부분 —즉 우주 탄생 순간과 현재의 우주, 은하계에 관한 큰스님 법문— 에 집중해 주시길 바란다. 이 부분은 〈그림 2-1〉의 처음(빅뱅)과 끝부분(은하계)에 해당한다. 숫자로 표현한 법문 나머지 부분은 빅뱅 이전 혹은 언저리 부근의 절대계(한마음 주인공)와 관련 있는 법문으로 굳이 용어를 붙인다면 '한마음과학'이라 하겠다. 즉, 현상계(물질세계)의 과학이 설명할 수 없는 영역이다(〈그림 2-1〉에서 백지에 해당함). 물리학적 관점에서 볼 때, '한마음과학'은 유사과학, 사이비과학도 아니요, 과학이 모르는 영역이라는 것을 강조하여 둔다. 그것이 과학적인 합리적인 태도이다! 인용한 스님 법문 중에서 우리가 살고 있는 중천세계(가운데 아들)를 숫자(1,3,7)로서, 절대계(眞如門)와 현상계(生滅門)를 아우르는 대승의 한마음(一心)도리를 설명하신 큰스님 과학법문은 필자에게는 2000년 초 한마음과학원 공생실천과정 강의 이후 지난 20년간 오랜 숙제였는데, 본 저서의 후속 편에서 선사가 설하신 '태초'(우주의 실상)에 대한 법문 중심으로 독자들과 한마음으로 함께 나누고자 한다.

2. 우주거대구조

2-1. 그물 모양의 우주거대구조

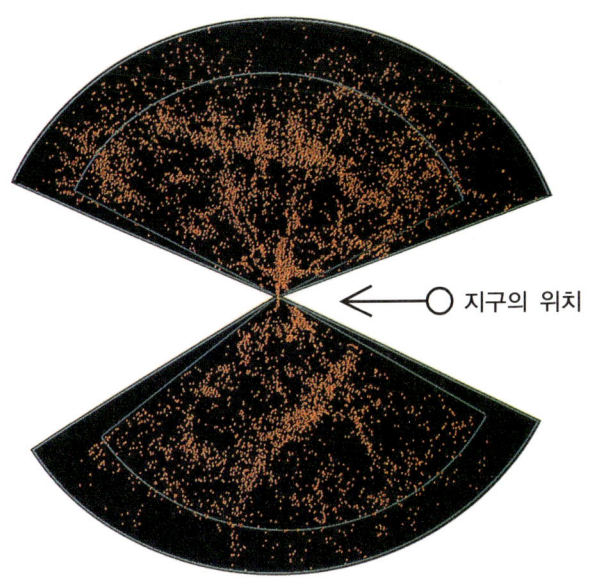

〈그림 2-2〉 우주거대구조: 그물구조
출처: Andrew Fraknoi, David Morrison, Sidney Wolf(1998), 『우주로의 여행』,
윤홍식 외 옮김, 청범.

〈그림 2-2〉는 은하계의 분포도를 밤하늘 전체를 천체망원경으로 관찰하여 얻은 데이터이다. 빈공간은 관측 중으로 아직 데이터가 없는 영역이다. 이 데이터에 따르면 은하계들은 지구 중

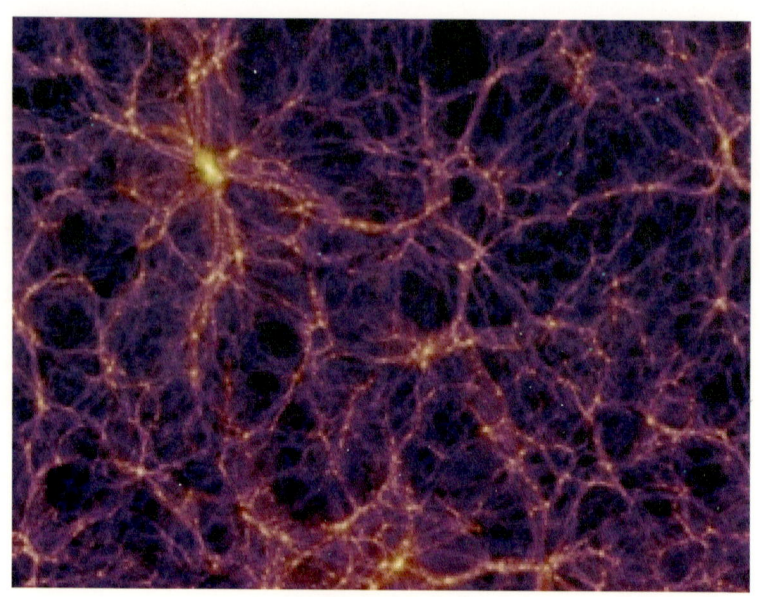

〈그림 2-3〉 우주거대구조 Simulation
출처: Universe Today, March 12(2020), "Slime Mold Grows the Same as the Large Scale Structure of the Universe".

심으로 불균일한 분포를 보여주고 있는데, 이를 그물구조, 벌집구조 혹은 거품구조라고도 한다. 〈그림 2-2〉를 3차원으로 슈퍼컴퓨터를 이용하여 시뮬레이션한 것이 〈그림 2-3〉이다.

즉 그물구조의 선을 따라 은하계들이 분포하고 나머지 공간은 비어 있다. 그물구조 선 따라 은하계를 분포하게 하는 힘은 암흑물질인데, 암흑물질은 암흑에너지와 함께 그 실상이 밝혀져 있지 않은 현대 천체물리학이 풀어야 할 화두이다. 이 암흑물질은 일부 성질만 밝혀진 입자로 잡아당기는 성질을 가지고 있는데, 우리 은하계 전체를 감싸고 있다. 나아가 암흑물질은 중력을 은하계들에 미쳐 은하계들이 서로 모이도록 하는 효과를 준다. 반면에 암흑에너지는 밀어내는 힘, 척력의 성질을 가지고 있다. 암흑에너지는 공간의 부피에 비례하여 증가하는 성질을 가지고 있는데, 〈그림 2-1〉에서 보는 바와 같이 현재의 우주를 가속팽창 시키는 작용을 한다. 암흑에너지와 암흑물질은 함께 은하계를 밀고 당기면서 균형을 이루어 그물 형태의 우주거대구조를 형성하게 된다. 〈그림 2-3〉의 시뮬레이션 자료는 암흑물질과 은하계의 분포가 거의 일치하는 것을 보여주고 있다[4-9]. 현재의 우주는 〈그림 2-3〉에서 노란 부분에 해당하는 은하계가 집단으로 모여 있는 거대질량 천체인 은하단을 중심으로, 은하계들이 거미줄처럼 엮여 있다. 암흑에너지와 암흑물질은 본 저서의 후속 편에서 선사께서 설법하신 '태초'(우주의 실상)에 대한 주제로 자세히 다루도록 하겠다. 스님께서는 아래에 인용한 과학법문에서 '우주간 법계가 거미줄처럼 허공에 쳐져 있다'고 하셨는데, 천문학에서 발견한 우주거대구조와 부분적으로 상응한다고 하겠다.

이 우주간 법계는 거미줄같이 전부 허공에 쳐져 있다 이겁니다. 아마 천체 망원경을 가지고 본다면은 한 부분이라도 볼 것입니다.[6)]

우주와 인간계는 하나이다. 우리의 육신이 수많은 세포들로 그물을 짜놓은 것처럼 그렇게 가설되어 있듯이 지구는 물론 우주 전체도 꽉 짜여진 그물처럼 질서 정연하게 가설되어서 모두

> 가 계합된 채 돌아가고 있다. 그러므로 내가 알면 우주 법계가 알고 부처가 알고, 그래서 전체가 안다.7)

하지만 대행선사는 현상계의 물질적인 그물구조뿐만 아니라, 물질적인 탐지기(천체 망원경)로는 보이지 않는 마음으로 연결된 세계를 포함하여 우주법계를 설하고 있다. 한마음은 체험의 영역이며, 인간 각자의 몸과 마음(생각, 감정, 오감)이 탐지기이다. 자연과학에서 객관적으로 공유할 수 있는 데이터를 보여주는 물질적 탐지기로만 접근하는 연구는 한계가 있다. 그러므로 한마음과학은 보이는 세계 그리고 보이지 않는 세계까지 아울러서 심성통신으로 개인 각자의 체험을 바탕으로 연구하여 나가야 할 분야이다.

2-2. 우주거대구조와 인간

우리의 몸이 세포를 단위로 이루어져 있듯이, 천문학자들은 은하계를 기본단위로 하여 우주를 연구한다. 우리은하계 내의 별의 개수는 대략 1,000억 개인데8), 큰 은하계는 10조~100조 개 정도의 별을 포함한다. 그리고 우주에는 약 1,000억 개의 은하계가 있다. 우리 몸을 우주와 대응시켜 본다면. 우리 몸의 구성 기본단위인 세포 내의 원자 개수는 약 100조 개, 우리 몸을 구성하는 세포의 개수는 약 100조 개이다. 그리고 자세히 다루지는 않겠지만

---

6) 대행선사(1999), 『허공을 걷는 길: 정기법회』, 1권, p. 97, (재)한마음선원.
7) 대행선사(2010), 『한마음요전』, p. 391, (재)한마음선원.
8) 최근의 천문학 관측에 의하면 은하계 내의 별의 개수는 약 1조 개라고 한다.

이와 같이 우리 몸을 소우주로 보고 대우주와 대응시키는 아이디어는 많은 명상, 과학관련 대중서적 등에서 찾아볼 수 있다. 대우주와 소우주가 같은 원리로 돌아간다는 아래에 인용한 큰스님 설법은 우리가 한마음 주인공법을 현상계(물질세계)에 적용시켜 나갈 때, 참고로 할 연구 과제라 하겠다.

> 이 우주가 수많은 은하계로 되어 있고, 각 은하계가 다시 수많은 천체들로 구성되어 있으며, 우리가 사는 태양계에도 다시 수성, 금성, 지구, 화성, 목성…. 따위가 있듯이 우리의 몸도 세밀하게 관찰해 보면 여러 천체가 모인 은하계와 비슷하다는 이야기입니다.[9]

뇌 과학자들의 연구에 따르면, 뇌가 작용하게 하는 기본단위는 뉴런이라는 신경세포이다. 뇌 속에는 약 1,000억 개의 뉴런이 있는데, 뉴런 사이에는 전기적 신호, 화학적 신호에 의하여 정보가 전달되며, 뉴런 사이의 그물구조에 의하여 정보가 처리된다. 이와 같은 약 1,000억 개의 뉴런을 연결하는 그물구조는 〈사진 7-1〉에서 보듯이 약 1,000억 개의 은하계를 포함하는 우주거대구조와 놀라울 만큼 닮아 있다. Vazza와 Felleti는 2020년에 발표한 논문에서, 뇌의 구조와 우주거대구조는 엄청나게 다른 크기와 자기조직과정(self-organization)이 다름에도 불구하고, 유사한 네트워크 역학(network dynamics)에 의해서 형성된다고 발표하였다.[10]

---

9) 대행선사(1987), 『무』, 글수레, p. 120.
10) F. Vazza and A. Felleti(2020), "The Quantitative Comparison Between the Neuronal

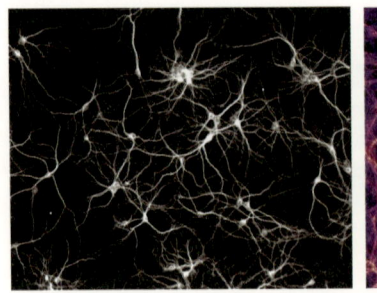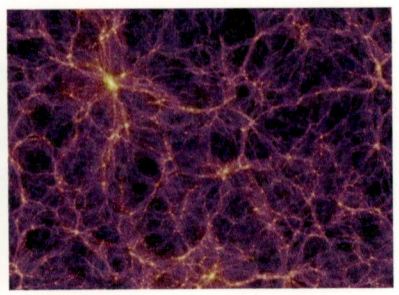

〈사진 7-1〉 뇌에 있는 뉴런(좌)과 우주거대구조(우)   출처: 나무위키, '뉴런'.

 덧붙여 대행선사는 지구, 달, 태양은 같은 텅 빈 구조를 가지고 있으며 지구, 행성, 태양, 별, 은하계들은 서로 하나로 연결되어 있다고 설법하였다.[11] 지구에 대한 법문에서는 선사는 "우리가 내 몸 하나 가지고 지금 모두 연구하고 마음공부 해나가면서 알아보면 내 몸이 지구와도 같고 우주와도 같은 거죠."[12]라고 설법하였다. 대행선사의 법문에 의하면 지구 내부는 비어 있는데, 북극과 남극은 지구 내부의 통로를 통해 서로 연결되어 있으며 남극 근처에 또 하나의 통로가 있다. 즉 인간의 신체가 위장, 소장, 대장이 있어 소통되듯이 지구 내부는 이와 유사한 텅 빈 구조를 통해 소통이 아주 정연하게 돼 있기 때문에, 지구가 너무 팽창되지도 않고 너무 타버리지도 않게끔 압력과 온도를 조절한다고 설법하였다.[13] 그리고 선사는 '생명의 기원과 인간으로의 진화' 법문에서 "지구 자체가 생명이 있다는 얘깁니다. 그렇기 때문에 모

Network and the Cosmic Web", Frontiers in Physics, Vol 8, Article 525731.
11) 대행선사(1999), 『허공을 걷는 길: 정기법회』, 3권, p. 116, (재)한마음선원.
12) 대행선사(1999), 『허공을 걷는 길: 국외지원법회』, 3권, p. 1725, (재)한마음선원.
13) 대행선사(1999), 『허공을 걷는 길: 법형제회법회』, 2권, p. 931, (재)한마음선원.

든 게, 지수화풍이 생명이 있기 때문에 그 놀라운 비법은 도대체 누가 알 길이 없는 겁니다."14), "생명이 없다면 물질이 모일 수가 없어요"15)라고 설법을 하고 있다. 즉 선사는 생명체의 구조와 지구의 구조가 같은 원리로 작동하고 연결되어 있는 한 생명임을 밝히고 있다. 영국의 과학자 제임스 러브록은 '가이아 이론'이라는 가설을 발표하였는데, 이 저서에서 러브록은 지구가 단순한 암석 덩어리의 무생물이 아니라 유기적으로 서로 연결되어 있는 하나의 생명체임을 강조하고 있다.16)

대행선사의 과학법문을 첫째, 현상계의 관점에서 살펴본다면, 선사는 컴퓨터, 은하계, 별, 블랙홀, 태양계, 입자 등에 관한 과학적 원리와 현상을 방편으로 들어서 한마음 주인공 도리를 설법하시지만 현상계 과학적 진리도 함께 설법하고 계신다. 즉 지구가 텅 비어 있다는 과학적 진리를 설법하시지만, 이 과학적 진리를 방편으로 삼아 만법이 텅 비어 공하다는[我空] 한마음 주인공 도리도 동시에 설법하고 계신다고 볼 수 있다.

둘째, 한마음 주인공 관점에서 본다면, 우주와 나는 주인공과 하나로 연결되어 있으며, 우주 전체는 주인공의 작용[法空]이다. 즉 우주의 원리와 설계도는 주인공 자리에 갖추어져 있으며, 현상계는 이 주인공에 갖추어진 원리와 설계도가 발현된 것이다.

셋째, 여기서 나아가 선사는 주인공에 중심을 두고 만법을 주인공에 들이고 내면서 현상계에서 공생, 공심, 공용, 공식, 공체

---

14) 대행선사(1999), 『허공을 걷는 길: 일반법회』, 2권, p. 422, (재)한마음선원.
15) 대행선사(1999), 『허공을 걷는 길: 일반법회』, 2권, p. 419, (재)한마음선원.
16) 위키백과(2022), '가이아 이론'

로서 살아가는 영원한 보살도(육바라밀)의 길을 설하고 있다.[俱空] 이 주인공에 갖추어진 우주의 실상에 대한 원리와 설계도는 선사가 숫자(1,3,7,9)로 설법하신 법문에 대한 이해가 필요하기에, 본 저술의 후속 편에서 다루고자 한다.

다음 장에서는 큰스님께서 많은 설명을 하여주신 은하계와 블랙홀을 다루도록 하겠다. 큰스님께서는 일찍이 은하계 중심에 큰 블랙홀이 있다고 하셨는데, 천문학 관측을 통하여 은하계 중심 초거대 블랙홀이 발견된 것은 2000년 초반 무렵이다[5]. 스님의 과학법문 중에서 후에 천문관측을 통하여 사실이 확인된 사례 중의 하나이기에, 독자들께 소개하고 싶은 주제이기도 하다. 2000년 이전 설하신 큰스님 과학법문의 많은 부분이 물리학으로 설명되는 것을 미루어볼 때, 큰스님 법문 중 현대과학이 설명할 수 없는, 모르는 부분도 앞으로 밝혀지리라 짐작된다. 그러므로 큰스님 과학법문을 유력한 가설로 우리가 연구하여 갈 방향으로 삼는 것이 과학적인 합당한 자세가 아닐까 한다.

제 2부
은하계

1. 은하계의 집단

앞장에서 설명한 바와 같이 우리 몸을 구성하는 단위가 세포이듯이, 천문학자들은 은하계를 기본단위로 우주를 연구한다. 우주에는 은하계가 약 1,000억 개 있는데, 인간계에서 도시가 모여 국가를 이루고, 국가가 모여 지구촌을 이루듯이, 은하계가 모여 은하군, 은하단, 초은하단을 이룬다. 그리고 은하계 집단들이 모여 우주의 그물망 같은 거대구조를 형성한다[4-9]. 아래에 인용한 법문에서 보듯이 스님께서는 '우주에는 은하계가 많고, 많은데, 우리가 사는 은하계가 중간치 정도다.'라고 설명하시고 있다.

> 그것은 왜냐하면 우리 은하계만 있는 게 아니라 이 은하계에 또 더 큰 은하계도 있고 또 더 큰 은하계도 있다고 봅니다. 그렇다면 그 밑에 소속된 은하계는 얼마나 많겠습니까마는 은하계 속에 있는 우리 생명력들은 사분파로 나눌 수가 있습니다.[17)
>
> 우리가 사는 은하계는 크기가 중간치 정도이다. 도솔천의 은하계는 우리 은하계와 같은 것을 2,970개 정도 합쳐 놓은 것만큼 방대하다.[18)

---

17) 대행선사(1999), 『허공을 걷는 길: 정기법회』, 2권, p. 29, (재)한마음선원.

2. 은하계의 구조 및 크기에 따른 분류

스님께서는 "지구는 마치 거르는 체와 같아, 마음의 차원에 따라 상천으로 가고 하천으로도 가니 바로 중세계인 것이다."19)라고 하셨다. 스님의 대천, 중천, 하천세계에 대한 말씀을 필자의 미약한 수준으로는 확연히 파악할 수는 없지만, 천문학에서 관측된 은하계의 크기에 초점을 맞추어 분류하고 추측하여 본다. 그리고 큰스님께서 쓰신 여러 용어들 중에서, 아래에 인용한 법문에서 사용하신 상세계(상우주), 중세계(중간우주), 하세계(소우주)라는 용어를 사용하여 분류하도록 하겠다.

> 우리의 섭리가 우주의 섭리와 더불어 같이 돌아간다는 이 사실을 아셔야 할 겁니다. 태양계나 다른 혹성들도 그렇게 돌아가고 있다는 사실입니다. 그런데 여기는 중천세계라고 봅니다. 여기를 우주로 말하자면 중간 우주다 이 소립니다. 상우주가 있고 중간우주가 있고 소우주가 있어. '대천세계'라는 것이 그런 데서 말이 나온 거라. 대천이 있으면은 중천이 있고 소천세계가 있어, 우주세계. 우주세계에는 헤아릴 수가 없이 은하계가 많은데 대체적으로 은하계 본부가 세 개라면은 이 세 개의 은하계가 있기

---

18) 대행선사(2010), 『한마음요전』, p. 427, (재)한마음선원.
19) 대행선사(2010), 『한마음요전』, p. 426, (재)한마음선원.

때문에 은하계와 혹성들이 거기에 연관성이 있어서 돌아간다는 걸 아셔야 합니다.[20]

2-1. 중세계(중간우주)

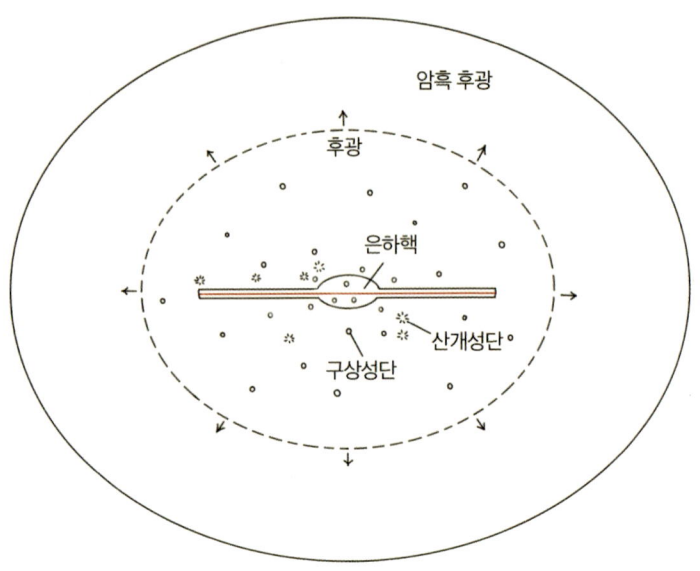

〈그림 3-1〉 우리은하계의 구조

〈그림 3-1〉은 우리은하계의 구조를 보여주는 그림인데, 우리가 사는 은하계는 반지름이 약 5만 광년으로, 우주에서 가장 흔하게 관측되는 막대나선은하계로 분류된다. 태양 또한 우리은하계

---
20) 대행선사(1999), 『허공을 걷는 길: 정기법회』, 1권, p. 13, (재)한마음선원.

에 있는 1,000억 개의 별 중에서 주계열에 속하는 평범한 별로, 우리은하계 중심이 아니라 변두리에 위치하고 있다. 즉, 우리는 평범한, 중간치 되는 세계(중우주)에 살고 있다. 〈그림 3-1〉은 우리은하계를 옆에서 본 도식도인데 중앙이 볼록한(bulge) 모양을 하고 있으며, 은하계 위쪽에서 보면 막대기 모양의 중심 주위로 나선형으로 회전하는 접시처럼 생겼다. 큰스님 법문에서 보는 바와 같이, 우리은하계의 별은 대부분 계란 노른자처럼 볼록한 (bulge) 중심 부분에 집중되어 있고 가장자리로 갈수록 적은 수의 별 그리고 늙은 별의 집단인 구상성단이 은하계 주변에 흩어져 있다[4-9]. 아래에 우리은하계에 대하여 설하신 스님 법문을 인용한다.

그러니까 지금 내가 얘기하는 이 촛불을 은하계의 별성이라고 생각해 보세요. 그것도 아주 가장자리에는 보이지도 않는 별들이 있어요. 중간쯤 되면 좀 크죠. 가운데쯤으로 들어가면 더 커요. 더 가운데로 들어가면 더욱 큰 별이 돼 있죠. 군데군데 가장자리로 흩어진 별들은 눈에 보이지도 않는 별들이 많죠. 그리고 은하계도 다 다르죠. 생명들이 많은 은하계들은 크고, 생명들이 적은 은하계들은 작고, 또 축생의 생명들이 있는 은하계는 또 다르고요. 뭐 이루지 못하는 은하계도 많지만, 우주도 많고 은하계도 많고 그렇지만, 그게 다 생명들이 살려면 태양도 만들어야 하고….[21]

우리가 사는 은하계는 크기가 중간치 정도이다.[22]

> 수천 수십만이 되어도 성주 하나인 것이다. 이렇게 수없이 만들다 보니 모든 물질이 나오고 태양이 나왔다. 근본에서 근본이 나온 것이다. 이러한 은하계, 태양계는 수없이 많다. 우리는 우리의 태양계가 대단한 줄 알지만 그렇지는 않다. 우리 식으로 이야기하자면 시골의 변두리 정도이다.[23]

〈사진 3-1〉 NASA; Astronomy Picture of the Day (2012 August 1)

〈사진 3-1〉는 우리가 밤하늘에서 보는 은하수인데, 지구에서 우리은하계의 중심 방향으로 바라볼 때 보이는 별들이다. 우리은하계의 반지름은 5만 광년인데, 태양은 중심에서 약 3만 광년 떨어진 변두리에 위치하여 있다. 은하계의 반지름이 5만 광년이라는 뜻은 우리은하계 중심에서 출발한 빛이 우리은하계를 벗어나는데, 5만 년이 걸린다는 것이다. 인류의 구석기, 신석기 시대가 대략 만여 년 전이라고 추정해 볼 때, 이때 우리은하계 중심에서 출발한 빛은

---

21) 대행선사(1999), 『허공을 걷는 길: 법형제회』, 2권, p. 1267, (재)한마음선원.
22) 대행선사(2010), 『한마음요전』, p. 427, (재)한마음선원.
23) 대행선사(1987), 『영원한 나를 찾아서』, 글수레, p. 183.

아직도 우리은하계를 벗어나지 못했다. 이런 점을 볼 때, 우리은하계가 얼마나 큰지, 나아가 1,000억 개의 은하계를 품고 있는 우주에는 얼마나 깊고 넓은 시공간이 펼쳐 있는지 짐작해 볼 수 있다.

2-2. 하세계(소우주)

태양계의 수성·금성·지구·화성 등 행성들이 태양 주위를 돌듯이, 우리은하계 주위를 위성 은하계들이 돌고 있다. 우리은하계의 위성은하들은 왜소은하(소우주)로 분류되는데, 우리은하계의 위성은하 개수가 40개[24]가 넘는다. 그중에서 가장 큰 것이 대마젤란은하, 소마젤란은하인데 남반구 밤하늘에서 관측된다.

〈사진 3-2〉대마젤란 은하계와 소마젤란 은하계

출처: NASA; Astronomy Picture of the Day

---

24) 대행선사는 "소우주(하세계)가 사천여 개 된다."라고 설법하였다.
　　대행선사(1999), 『허공을 걷는 길: 일반법회』, 2권, p. 93, (재)한마음선원.

〈사진 3-2〉은 우리은하계의 위성은하들 중 가장 큰 대마젤란 은하계와 소마젤란 은하계를 보여준다.

스님께서는 앞장(2-1)의 법문에서 "뭐 이루지 못하는 은하계도 많지만"이라고 표현하셨는데, 마젤란 은하계는 〈사진 3-2〉에서 보듯이 허술하게 모양을 제대로 갖추지 못한 불규칙은하계로 분류된다. 스님의 법문을 한 줄, 한 줄 꼼꼼히 놓치지 않고 살펴보면, 세련되지 않고 대충대충 뭉뚱그려서 말씀하시는 것 같은데도 웬일일까? 선사께서 한마음 주인공으로 살펴보고서, 체험으로 말씀하신다는 느낌을 지울 수가 없다. 20여 년 전 국외지원 워싱턴 담선 법회에서 스님께서 필자에게 '태초'에 대하여 설명하시면서, "마음을 덮어놓고 넓어진다고 해서도 아니 되니까 자꾸 책도 보시고요, 이거는 산 글이에요. 남의 책을 보고서 쓴 게 아니고 남이 말하는 걸 듣고 내가 지금 말하는 게 아니에요."[25]라고 말씀하셨는데, 그때를 새록새록 생각나게 하는 대목이기도 하다.

〈사진 3-3〉 안드로메다 은하계   출처: NASA; Astronomy Picture of the Day

---

25) 대행선사(1999), 『허공을 걷는 길: 국외지원법회』, 3권, p. 1725, (재)한마음선원.

〈사진 3-3〉은 우리은하계와 가장 가까운 250만 광년 떨어져 있는 안드로메다 은하계인데, 왼쪽의 구름처럼 보이는 성운을 확대하여 본 사진이다. 안드로메다 은하계는 지름이 16만 광년으로 지름이 10만 광년인 우리은하계보다 큰 은하계이다. 아래쪽에 밝은 큰 하얀 점으로 보이는 은하가 안드로메다 은하계의 위성(왜소)은하이다. 우주에서는 보통의 일반 은하계보다 왜소 은하계가 훨씬 더 많이 존재하는데, 대부분의 왜소은하들 내의 별의 개수는 대략 수십억 개이다. 그리고 이 왜소 은하계들이 서로 충돌하여 합쳐지고, 더 큰 은하계로 진화되어 간다는 것이 현재의 유력한 가설이다.

〈사진 3-4〉 Abell 2029 은하단 중심에 있는 IC1101

출처: NASA; Astronomy Picture of the Day

2-3. 상세계(상우주) 및 도솔천 은하계(범천)

〈사진 3-4〉에서 보는 바와 같이, Abell 은하단에 있는 IC1101이라고 불리는 초거대 타원 은하계는 지금까지 관측된 은하 중 가장 큰 은하계이다. 그러나 빅뱅 이후 형성된 초기 은하계가 지구에서 약 130억 광년 거리에서 관측되는 것을 미루어볼 때, IC1101까지

우주 이야기 41

의 거리는 10억 7천만 광년에 불과하므로 앞으로 IC1101보다 더 큰 은하가 발견될 가능성이 있다.[26] 논란이 많지만 IC1101은 지름이 헤일로를 포함하여 약 600만 광년에 이르는 은하계로서, 지름이 10만 광년인 우리은하계보다 60배 정도 크다.[27] IC1101 은하계는 금속이 풍부한 별들로 구성이 되어 있기 때문에 황금색으로 보이며, 은하계의 중심에는 거대한 블랙홀이 있다. 그리고 이 은하계 내에 있는 별의 개수는 약 100조 개로 우리은하계 별의 개수보다 약 1,000배 정도 많다. 〈사진 3-4〉의 중심에 있는 노랗게 보이는 IC1101 은하계 주위에 있는 하얀 점들은 은하계들이다. 만약에 이 은하계 위에 우리은하계를 표시하면, 티끌 같은 작은 점으로 표시될 정도로 엄청난 크기의 은하계이다.

> 세 개의 우주 뒷면에는 도솔천국 즉, 어마어마한 범천이 있다. 범천이라는 것은 너무나 어마어마하고 광대하다. 우리가 사는 은하계는 아주 작은 지방 정도이다.[28]
>
> 우리가 사는 은하계는 크기가 중간치 정도이다. 도솔천의 은하계는 우리 은하계와 같은 것을 2,970개 정도 합쳐 놓은 것만큼 방대하다.[29]

---

26) 최근에 IC1101보다 4배의 크기를 가진 알키오네우스 은하가 발견되었다. 하지만 IC1101보다는 중심에 있는 거대블랙홀이 훨씬 작다고 한다. (2022년 2월 11일) 'Astronomy &Astrophysics'저널에서 승인.
27) 위키백과(2022), '에이벨 2029', 'IC 1101'
28) 대행선사(2010), 『한마음요전』, p. 430, (재)한마음선원.
29) 대행선사(2010), 『한마음요전』, p. 427, (재)한마음선원.

그런데 위에서 인용한 큰스님 법문에서 보는 바와 같이 도솔천 은하계(범천)의 크기는 우리은하계의 약 3,000(2,970)배라고 하셨다. 위에서 소개한 천문관측 데이터와 비교해서 상우주와 도솔천 은하계의 규모를 가늠해 볼 수는 있겠다. 그러나 큰스님께서 '우주의 실상'에 대해 말씀하신 대천세계, 중천세계, 소천세계의 깊은 뜻을 담아내기에는 턱없이 부족함을 느낀다. 상세계(상우주)와 도솔천 은하계는 주인공에 중심을 두고 심안, 혜안, 법안, 불안으로 통신할 영역이지 천체망원경으로 들여다볼 영역이 아니다. 주인공이 중심이다! 특히 도솔천 은하계에 대해 자세히 설명하신 부분 —범천 은하계 내부의 모습, 12개 외성의 모습, 밝으나 뜨겁지 않은 빛이 있는 환경, 황금색 나무, 에너지 사용 등— 은 필자의 그릇으로 담기에는 한참 부족하기에 묵언하였다. 그러나 도솔천 은하계에 대한 큰스님 법문을 인용하고자 하는 유혹을 떨칠 수가 없어서 아래에 인용하니 참고하시고, 독자들께서도 함께 한마음으로 연구하셨으면 한다. 스님께서는 별은 "지금 은하계에 별들이 그냥 생긴 거 아니예요. 우리 하나하나의 별들이에요. 거기에 생명이 있고, 생명의 근본이 거기 있고, 우리는 그 생명의 근본에 이끌려서 사는 거예요."라고 말씀하셨으니, 별성에 대한 연구가 어찌 학문을 하는 전문가들의 일방적인 전유물이겠습니까?

> 세 개의 우주 뒷면에는 도솔천국 즉, 어마어마한 범천이 있다. 범천이라는 것은 너무나 어마어마하고 광대하다. 우리가 사는 은하계는 아주 작은 지방 정도이다. 이런 것을 그냥 알 수는 없다. 내 마음을 두루 깨우쳐서 다 성장되어 아주 하얗게 깨우쳐

알아야 한다. 만약 범천이 있다면 범천과 더불어 같이 할 수 있고, 대치해서 막을 수 있고, 뚫을 수 있고, 서로 상응할 수 있어야 한다. 이것의 속 내용은 일일이 말로 할 수는 없다. 가고 오는 사이 없이, 행하는 사이 없이 행하는 자연스러운 그것, 그것을 깨닫지 않고는 알 수 없다.

그 은하계 안에는 양쪽으로 사람의 유방처럼 불쑥 나와 있는 것이 있다. 그것들의 역할은 모든 것의 무전을 송수신하는 것이고, 그 은하계를 돌고 있는 12개의 외성은 참으로 찬란하고 아름다운 것이다. 또 12개의 외성 하나하나에는 외성이 12개씩 돌고 있는데 아주 질서 정연하다. 그곳의 별들은 이곳의 별처럼 생기지 않고 사각의 모양이면서도 한쪽은 부처님의 머리같이 생겼다. 그러면서도 위에서 보면 망같이 생기기도 하였고, 옆으로 보면 둥글게 도는 것 같기도 하고, 밑에서 보면 팽이 밑둥 돌듯 하니 참 묘하다 할 수밖에 없다.

우주 한쪽에서는 아주 커다란 성을 이루고 있는데 그곳의 빛은 말할 수 없이 밝으나 열은 가지고 있지 않다. 남들이 보기에는 불같이 뜨거울 것 같지만 그렇지 않다. 또 지구의 나무는 파랗고 싱싱한데, 범천의 나뭇잎들은 황금빛이며, 몸체는 분색이 난다. 또한 그곳의 돌들은 이곳의 돌처럼 오랜 세월이 흘러서 굳어진 것이 아니다. 그곳 사람들은 뜨거운 에너지를 빼어서 마음대로 돌을 만들어 쓴다. 이런 일들은 힘이 안 들고 쉽게 할 수 있지만 상세계·중세계·하세계로 바람직하지 못한 영향이 가기 때문에 아무 데나 기분대로 하지 않는 법도를 지킨다.[30]

---

30) 대행선사(2010), 『한마음요전』, p. 430, (재)한마음선원.

3. 은하계의 성장

〈사진 3-5〉는 은하계와 은하계가 서로 충돌하고 합쳐지는 것을 보여주는 사진이다. 오른쪽 사진 아래에는 이 충돌을 통해서 파란색의 새로운 별들이 태어나는 것을 보여준다. 즉, 이런 충돌을 통해서 은하계들은 더 큰 은하계로 진화하며 젊어지기도 한다. 예를 들어, 우리 지구와 가장 가까운 은하계인 안드로메다 은하계는 앞으로 50억 년 후면 우리은하계와 충돌하여 서로 합쳐지리라 예상된다.

〈사진 3-5〉 은하의 충돌
큰개자리 방향에 있는 두 개의 은하가 서로 충돌하는 장면(좌) 거문고자리 방향에 있는 두 개의 은하가 충돌해 신성(新星)이 형성되는 장면(우)
출처: NASA; Astronomy Picture of the Day

그 외에 별과 별이 충돌하고, 큰 블랙홀이 작은 블랙홀을 삼킨다든지, 블랙홀이 주변의 별을 흡수하는 현상은 우주에서 자주 일어나는 현상이다. 천문학자들에 따르면 이 은하계들이 충돌하고 합쳐지는 현상은 지구상에서 교통사고가 일어날 확률만큼이나 높다고 한다. 은하계 중심블랙홀의 형성가설 중 하나에 따르면, 은하계 중심 거대블랙홀은 여러 블랙홀들이 서로 먹고 먹히고 합해져서 형성되었다고 한다. 아래에 은하계의 성장과 관련 있는 스님 법문을 인용한다.

> 저런 우주세계에도 별성과 별성이 서로 쫓고 쫓기고, 먹고 먹히고 또 혹성들도 큰 것은 큰 것대로 작으면 작은 것대로 차원에 따라서 먹히고 또는 먹고 한다는 겁니다.[31]

---

31) 대행선사(1999), 『허공을 걷는 길: 정기법회』, 2권, p. 89, (재)한마음선원.

4. 입자를 매개로 한 물질형성

　　빅뱅 이후 우주가 급팽창하는 단계를 거쳐 소립자가 생겨나고, 이 소립자가 결합하여 원자가 형성되었다. 그리고 이 원자가 결합하여 분자를 이루는데, 생명현상은 분자를 기본으로 하는 현상이다. 즉 우리 몸을 구성하는 단백질은 분자가 결합된 복합분자이다. 예를 들어 식물의 광합성 혹은 생물들의 생명활동, 예를 들어 음식에서 에너지를 얻는 과정은 원자가 아니라 분자를 기본단위로 하는 화학반응이다. 즉, 생명현상은 분자가 중심 역할을 한다. 이에 비해 우주를 구성하는 물질은 소립자가 기본단위로 중심 역할을 하여 소립자, 원자, 분자가 모여 별, 은하계 등 우주를 형성한다.

　　그런데 소립자가 결합하여 원자가 되고, 원자가 결합하여 분자가 되고, 분자가 모여 물질을 이루게 하는 것은 매개 입자의 교환에 의해서이다. 자연계에서 물질 사이의 상호작용에 관여하는 네 가지 힘이 있는데 강한 핵력, 약한 핵력, 전기력, 중력이 있다. 이 네 가지 힘들의 세기, 작용범위는 관여하는 매개입자의 종류에 따라 달라진다. 스님께서는 아래의 법문에서 이 매개입자의 교환에 의해 물질이 형성되는 과학적 현상을 비유로 들어서 마음도리를 설명하고 계신다.

그러니까 아까 얘기했듯이 이 원자에서 그냥 있는 게 아니라 그냥 입자로 배출이 됐다가 또 그 입자가 배출이 돼가지곤 또 수 바퀴를 돌아서 다시 화(化)해서 크게 또 우주를 형성시키고, 그 우주를 형성시키고 원자가 되고, 또 그냥 그렇게 배출이 되고 다시 들어와서 다시 또 끌어들여서 또 크게 배출을 시켜서, 또 나누어서 배출을 시키고 이렇게 하는 것이 이거 어마어마합니다.[32]

시공이 없이 돌아가면서 체가 없는 마음 마음들이, 헤아릴 수 없는 마음들이, 즉 말하자면 원자 속에서 입자가 많이 나와서 그 입자가 분자가 돼서 이 혹성 바깥에 이렇게 세 겹으로 여섯 겹으로 첩첩이 싸고 소임을 다하고 있습니다.[33]

〈그림 3-2〉는 원자의 구조를 보여주는데, 중심에 있는 원자핵 주위를 전자가 돌고 있다. 원자핵은 양성자와 중성자로 구성되어 있는데, 결합하고 붕괴할 때 교환하는 입자의 종류에 따라 강한 핵력과 약한 핵력으로 나누어진다. 그리고 원자핵과 전자를 결합시키는 힘이 전기력인데, 광자(빛)라는 입자를 교환하여 원자가 형성된다. 즉 입자의 교환을 통해 '둘이 아닌 하나'로 역할을 한다. 물리학 교과서에는 이것을 서로 공을 주고받는 두 야구선수에 많이 비유한다. 즉 두 야구선수는 공을 서로 주고받으면서 야구공을 매개로 하여 하나로 결합되어 있다. 〈그림 3-2〉에 있는 원자의 경우 두 야구선수는 원자핵과 전자이고, 야구공은 매개입자인

---

[32] 대행선사(1999), 『허공을 걷는 길: 정기법회』, 4권, p. 106, (재)한마음선원.
[33] 대행선사(1999), 『허공을 걷는 길: 국내지원법회』, 2권, p. 592, (재)한마음선원.

광자(빛)에 해당한다. 나아가 원자가 결합하여 분자가 되는 것도 전기력 때문이다. 〈그림 3-3〉은 두 개의 산소원자가 매개입자(전자)를 서로 주고받으면서 공유하여 보살도를 행하면서 산소분자가 되는 것을 보여주는 그림이다.

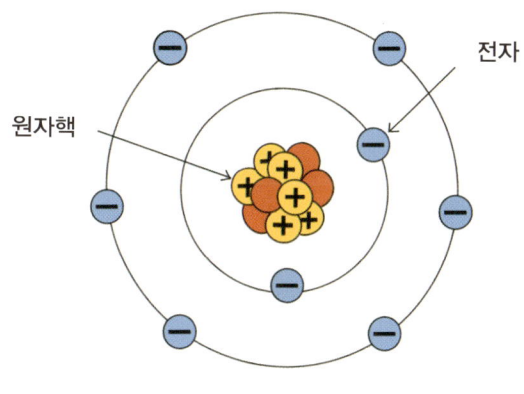

〈그림 3-2〉 원자의 구조

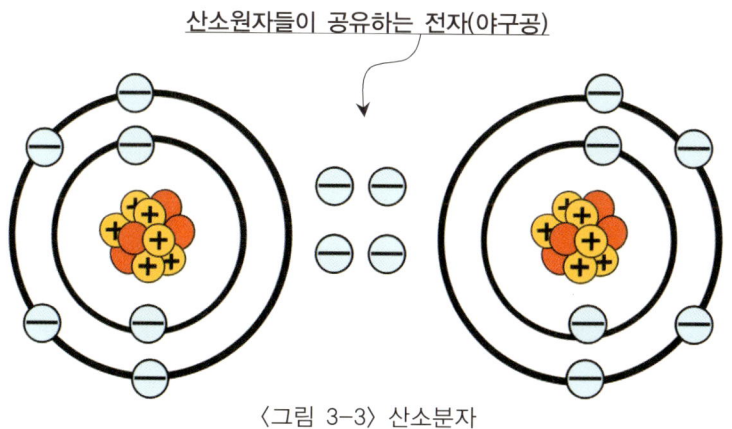

〈그림 3-3〉 산소분자

스님께서는 이와 같은 전자를 주고받는 원자의 결합과 연관된 아래와 같은 법문을 해주시고 계신다.

> 공부를 이렇게 해서 거기에서 주인공을 찾음으로써 그 누진은 즉, 그 레이더망이 마음으로 들이고 내고 하는, 보고 듣고 하는 작업을 그대로 여여하게 함으로써 그 내면세계의 이 지금 몸속에 잠재해 있는 의식들이 내가 마음먹는 대로 따라 준다 이거야. 그러니까 원자가 안의 주인공이라면 입자, 분자 이것이 삼합이 합동을 해서 그 원자의 능력으로서 다 들이고 내면서, 들이고 내는 작용을 하면서 자기를 마음대로 이끌어 갈 수가 있다.[34]
>
> 자동적인 자기의 원자나 전자나 입자나, 핵 자체가 혼합이 돼서 전자는 원자 바깥으로 나왔다 들어갔다 하는 활력성을 가지고 있습니다.[35]
>
> 그러니 내 마음이 이렇게 소중해서, 나를 끌고 다니는 운전수도 되고 나를 끌고 다니면서 천 가지 만 가지 다 입력을 해 주는 거죠. 전자가 핵을 끼고 돌고 있고, 전자는 입자를 입자는 원자를, 이렇게 해서 전자가 들고 난단 말입니다. 이렇게 해서 그 안으로는 원자를 보하고, 바깥으로는 모든 입자를 구하면서 돌아가는데, 여러분에게 갖추어진 그 원자를 왜 못 믿습니까? 그리고 또 원자 속에 모두 뭉쳐진 그 입자들을, 또 그 입자 속의 전자를, 전자가 핵 자체, 불성 자체를 끼고 있다는 그 사실을 왜 믿지 못하십니까?[36]

---

[34] 대행선사(1999), 『허공을 걷는 길: 국외지원법회』, 2권, p. 799, (재)한마음선원.

그리고 이와 같은 소립자, 원자, 분자들이 엄청나게 모인 ―티끌 모아 태산― 은하계, 별 등 거시세계에서는 중력이 주된 역할을 한다. 요약하자면 소립자·원자·분자들은 매개입자를 주고받으며 큰 복합물질을 구성하고, 나아가 은하계·우주라는 물질세계를 구성한다.

  스님의 "이 원자에서 그냥 있는 게 아니라 그냥 입자로 배출이 됐다가 또 그 입자가 배출이 돼가지곤 또 수 바퀴를 돌아서 다시 화(化)해서 크게 또 우주를 형성시키고"라고 위의 법문에서 하신 말씀은, 미시세계의 입자에서 거시세계의 천체에 이르기까지 우주를 구성하는 모든 물질들은 서로 입자를 교환함으로 결합하고, 상호작용하여 우주를 형성하는 것을 설명하신 것으로 생각된다.

  스님께서는 자연과학에 대한 설명을 하실 때 항상 과학법문과 더불어 절대계에서 현상계로 나투는 마음작용도 같이 설명하신다. 이는 우주, 은하계, 별, 태양, 지구, 인간이 한 중심(주인공)으로 연결되어 있으며 마음으로 나투는 도리와 우주의 작용원리가 같은 것임을 보여주시는 것이라 생각된다. 즉 우주의 작용원리는 한마음 속에 갖추어져 있으며 현상계(물질계)는 절대계(주인공)의 작용임을 설하고 계신다. 예컨대 아래에 인용한 법문에서 보듯이, 물리학에서 원자에서 분자를 형성하기 위하여 입자가 배출되는 현상을 비유로 들어서 한마음 작용원리를 설명하고 계신다.

---

35) 대행선사(1999), 『허공을 걷는 길: 정기법회』, 2권, p. 73, (재)한마음선원.
36) 대행선사(1999), 『허공을 걷는 길: 국내지원법회』, 1권, p. 300, (재)한마음선원.

> 그러니까 나 하나의 마음이 수천수만으로, 입자로 인해서 분자가 돼 가지고 화신으로 화해 가지고 이 털구멍을 들고 나면서 그냥 전부 응신이 돼 주는 그런 보살이 된다 이거죠. 그랬을 때에 그것이 모두가 보살 아닌 게 없고 또 나 아님이 없고 이 도리가 나오고 그러는 거지, 그 도리를 거치지 않고는 안 됩니다.37)
>
> 즉 말하자면 원자에서 입자로, 입자에서 수많은 입자가 화해서 바로 분신이 되어서, 여러분의 모든 모습, 마음, 말, 뜻으로 응해 주시는 그 천백억화신의 뜻을 말입니다.38)

다음 장에서는 은하계 중심에 있는 블랙홀의 심연 속으로 우주여행을 할 것이다. 행여 잊어버릴까 하는 노파심에서 '우주여행 가이드'로서 큰스님이 하여주신 아래 법문을 다시 한 번 상기하면서 은하계에 대한 이야기를 마감하겠다. 주인공이 중심이다.

> 은하계의 중심도 태양계의 중심도 이 우주의 중심도 이 인간의 중심도, 모두가 중심은 하나로 전부 연결이 돼 있습니다. 은하계에서 태양계로, 태양계에서 지구로, 허허. 모두 별성이나 혹성이나 다 연결이 돼 있습니다.39)

---

37) 대행선사(1999), 『허공을 걷는 길: 국외지원법회』, 1권, p. 635, (재)한마음선원.
38) 대행선사(1999), 『허공을 걷는 길: 법형제회』, 1권, p. 47, (재)한마음선원.
39) 대행선사(1999), 『허공을 걷는 길: 정기법회』, 3권, p. 116, (재)한마음선원.

제3부
은하계와 블랙홀

1. 은하계 중심에 있는 거대블랙홀

먼저 거대블랙홀에 대한 기존 천문학 연구를 우리은하계에 초점을 맞추어 살펴본다. 지구에서 볼 때, 우리은하계의 중심은 은하수에 있는 궁수 별자리 방향에 있는데, 1970년 이후 전파망원경과 1990년대에 개발된 적외선 망원경으로 은하계 중심을 관찰한 결과, 강한 전파를 발생하는 전파원과 우리은하계 중심에 수많은 별이 모여 있는 것을 발견하였다. 이 관측 사실에 기반을 두어 과학자들은 강력한 중력의 영향으로 수많은 별들을 모이게 하는 초거대블랙홀이 있으리라 예상하였다[5]. 2002년 독일에 있는 우주물리학 연구소의 유럽의 천문학자들은 우리은하계 중심 방향인 궁수 별자리에서 빠른 속도로 공전하는 별인 S2의 모습을 10년 동안 관찰하였는데, 이 별의 엄청나게 큰 공전속도로부터 우리은하 중심에 거대블랙홀이 있다고 결론지었다. 이 연구는 2020년 노벨물리학상을 수상하였다. 우리은하계 중심 거대블랙홀은 태양 질량의 약 400만 배나 되며 대단히 크다. 지금은 우리은하계 외에 다른 은하계 중심에도 거대블랙홀이 있는 것으로 관측되고 있으며, 대부분의 은하계 중심에는 거대블랙홀이 있을 것으로 생각된다. 현재 천문학 연구에 따르면 은하계 중심에 있는 거대블랙홀에 대해서는 수많은 블랙홀이 모여서 형성되었다는 등 몇 가지 가설은 나와 있지만 아직 모르는 상태이다.

하지만 스님께서는 아래에 인용한 2000년도 이전 법문에서 우주에 존재하는 은하계 중심에 거대블랙홀이 있다는 보편성을 이미 설하여 주셨다는 점을 필자는 강조하고 싶다. 2000년 이전 설하신 큰스님 법문을 요약하자면, 우주에 존재하는 은하계 중심에는 큰 블랙홀이 있고, 이 블랙홀은 별성을 낳는 '생산처'란 것이다.

> 이 모두가 하나로 돌아가니 내 몸의 섭류를 알면 삼천대천세계 우주천하를 다 알 수 있는 겁니다. 인간에게도 주인공 뿌리 하나가 있듯이 은하계에도 큰 블랙홀이라는 별이 그 은하계 가운데에 있습니다.[40]
>
> 그 도리는 여러분이 공부하시면 잘 알게 될 것이고, 우리가 왜 이렇게 치열하게 공부를 하지 않으면 안 되는가? 아까 얘기했듯이 우주와 우리의 집인 지구와 세계가 우리가 차원이 높아지는 대로 모두 그 수명을 연장하면서 말입니다. 또 이 말 하기 전에 우주는 모든 물질적인 그 모두를 해소시키고 그 근본만 남아서 블랙홀이라는 큰 별이 그것을 생산을 합니다. 새로이 생산을 합니다.[41]

---

40) 대행선사(1999), 『허공을 걷는 길: 국내지원법회』, 3권, p. 1455, (재)한마음선원.
41) 대행선사(1999), 『허공을 걷는 길: 정기법회』, 4권, p. 328, (재)한마음선원.

2. 블랙홀 형성

〈사진 4-1〉 게성운　　　　　출처: NASA; Astronomy Picture of the Day

별들은 죽음을 맞이하여 팽창하여 적색거성이라는 큰 별이 된다. 태양보다 훨씬 무거운 별들은 폭발 후, 산소 질소 철 등 원소를 주위로 뿌리고, 그 중심은 고밀도로 압축되어 블랙홀을 형성한다. 스님의 설명처럼 '껍데기가 떨어지고, 알맹이만 추려서 블랙홀이 생산된다.' 그리고 주위에 뿌려진 가스, 입자 등 별의 껍데기는 다시금 별, 행성을 만드는 재료가 된다. 〈사진 4-1〉은 게 성운이라고 불리는데, 별이 폭발한 후의 잔해를 보여준다. 아래에 블랙홀 형성에 관한 스님 법문을 인용한다.

> 또 우주는 우주대로, 은하계의 모든 별성들의 때가 다 지나면 은 껍데기가 저절로 떨어지고 알맹이만 추려서 바로 블랙홀이 생산을 하죠. 이 모두가 사람이 살고 있는 섭리와 똑같습니다.[42]
>
> 그렇기 때문에 광대무변하고 묘한 도리죠. 그렇기 때문에 우주도 낳고 은하도 낳고 별성도 낳고, 별이 아주 커지면 불덩어리 블랙홀이 되기도 합니다. 이 모두가 사람이 잉태해서 어린애를 생산하고 죽고 살고 하는 생사윤회와 결부해서 돌아가는 것이고, 떠올랐다 가라앉았다 하고 작용을 하는 대자연의 진리와 똑같습니다.[43]

약 50억 년 후에는 태양도 적색거성의 단계를 거쳐, 주위에 껍데기(성운)를 뿌리고 백색왜성이 되리라 예상된다. 그 크기가 수성과 금성을 삼키고 지구에 가까이 올 정도로, 아주 큰 별(적색거성)이 된다. 태양보다 훨씬 가벼운 별들은 서서히 식어가면서 갈색왜성이 된다. 그러나 태양보다 10배 이상 무거운 별들은 적색거성의 단계를 거친 후 폭발하게 되는데, 이 적색거성이 폭발할 때를 초신성이라고 부른다. 이때는 은하계보다 밝은 빛을 낸다. 태양보다 10배~30배 무거운 별의 경우, 폭발 후 그 중심은 중성자별이

---
42) 대행선사(1999), 『허공을 걷는 길: 정기법회』, 4권, p. 301, (재)한마음선원.
43) 대행선사(1999), 『허공을 걷는 길: 국내지원법회』, 3권, p. 1249 (재)한마음선원.

된다. 그러나 태양보다 30배 이상 훨씬 무거운 큰 별들은 적색거성이 되고, 폭발한 후 중심 부분은 고밀도로 압축되어 블랙홀이 형성된다[4-15].

블랙홀은 검은 구멍이라 불리는데 전체 질량이 중심(특이점)에 모인, 중력이 아주 강한 천체이다. 강한 중력으로 인해 주위의 모든 물질을 빨아들인다. 빛마저도 빠져나올 수 없기에 블랙홀을 볼 수 없다. 그래서 블랙홀이 중력을 미치는 주변을 관측하여 블랙홀의 특성을 간접적으로 연구한다. 블랙홀 내부구조에 대해서는 부분적인 이론은 나와 있지만, 천문학에서 관측할 수 없는 영역으로 아직은 알 수 없는 불가사의한 천체이다. 블랙홀의 밀도는 원자핵의 밀도보다 큰데, 손톱 정도의 크기가 지구의 무게와 비슷한 고밀도 초중량 물체이다.

〈사진 4-2〉는 2019년, 최근에 관측된 블랙홀 외부 사진을 보여준다. 그 이전에는 블랙홀 주변의 가스의 흐름, X선 방출, 별의 운동 등을 관측하여 간접적으로 블랙홀의 존재를 추측하였는데, 〈사진 4-2〉는 M87 은하계의 중심 블랙홀을 직접적으로 찍은 최초의 사진이다. 〈사진 4-2〉에서 중심의 검은 부분이 블랙홀이고, 블랙홀의 중력에 의해 휘어진 빛이 불바퀴처럼 노란 고리 모양으로 보인다. 고리 아래쪽 부분이 지구로 향하고 있기 때문에 더 밝게 보인다.

그리고 M87 은하계 블랙홀을 중심으로 가스, 입자 등 에너지

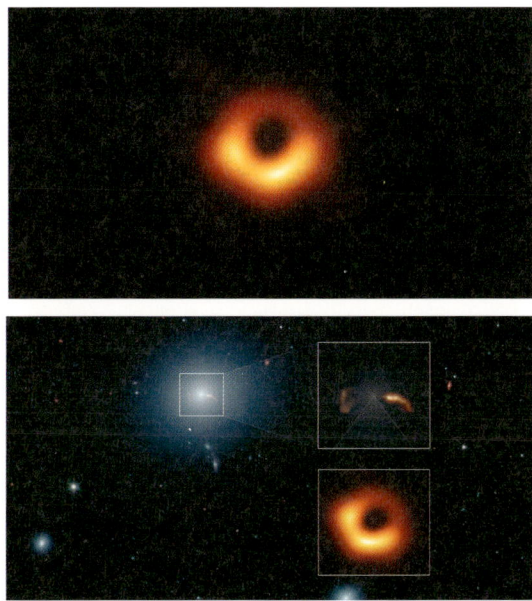

〈사진 4-2〉 처녀자리 M87 은하계 중심 거대블랙홀

출처: NASA; Astronomy Picture of the Day

분출물(제트)이 옆으로 퍼져 나가는 것을 볼 수 있다. M87 은하계는 우리은하계보다 별의 개수가 100배나 많은 엄청나게 큰 거대은하계이다.

3. 블랙홀은 별성을 낳는 생산처

별이 폭발하여 생긴 항성블랙홀(별이 폭발한 후 생기는 블랙홀)은 태양 질량의 3배~33배이지만, 은하계 중심에 있는 거대블랙홀은 태양 질량의 100만 배~100억 배에 이른다. 블랙홀 자체는 에너지를 발생시키지 않는다. 이들은 주위에 있는 별, 먼지 혹은 가스를 빨아들이며, 이 먼지, 가스들이 블랙홀 속으로 끌려가는 과정에서 끌려 들어가지 않은 나머지 부분을 입자, X선 형태로 엄청난 에너지를 방출한다. 분출된 에너지는 주위에 새로운 별을 탄생시키기도 한다. 〈사진 4-3〉과 〈사진 4-4〉는 블랙홀이 방출하는 X선, 가스 등 강한 에너지 분출을 보여주고 있다. 오른쪽에 첨부한 〈그림 1〉은 블랙홀과 블랙홀로 흡수되어 가는, 원반형의 이웃별의 가스 흐름과 원반형의 가스 흐름에 수직한 방향으로 방출하는 에너지를 도식화한 것이다[12]. 〈사진 4-4〉에서는 이와 같이 방출하는 에너지(X선)가 수십만 광년 이상 뻗어 있는 것을 보여준다.

블랙홀에 의한 에너지 발생의 또 다른 가능성은, 아인슈타인의 일반상대성이론에 의하면 블랙홀은 회전할 수 있는데, 회전하는 블랙홀의 자기장은 대규모의 에너지를 발생시킬 수 있다는 것이다[10]. 이와 같은 천문관측 자료와 연구로부터 아래에 인용한

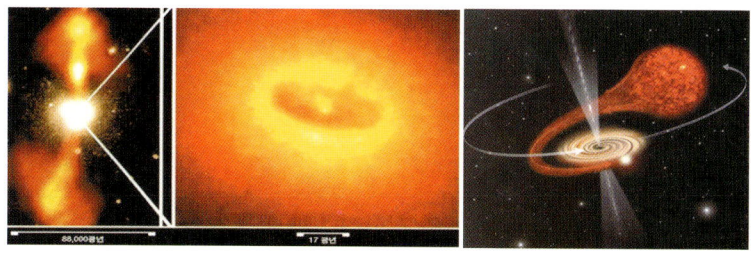

〈사진 4-3〉 처녀자리 NGC4261　　　〈그림 1〉 블랙홀 상상도
은하계 중심 블랙홀

출처: NASA; Astronomy Picture of the Day. 스티븐 호킹(1998), 시간의 역사, 까치.

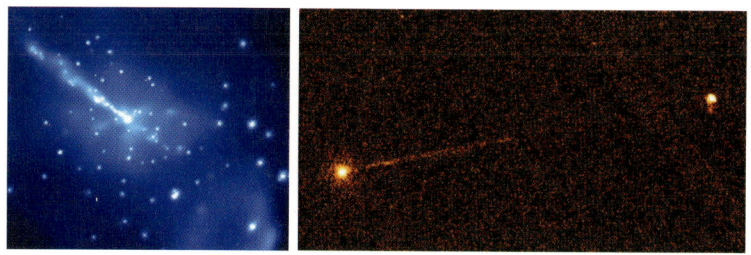

센타우루스 별자리　　　　　　　　큰곰 별자리
〈사진 4-4〉 X선으로 관측한 블랙홀의 에너지 방출

출처: NASA; Astronomy Picture of the Day

대행선사가 설한 블랙홀이 '생산처'라는 법문을 부분적으로 연관시켜 볼 수 있겠다.

> 모든 별성을 낳는 생산처, 큰 별성 블랙홀로부터 우주 모든 것을 생각해 볼 때, 나 아님이 없고 내 생명 아님이 없으니 얼마나 좋은 일입니까?44)

현재까지의 천문학 연구에 따르면, 거대블랙홀의 형성, 진화과정 그리고 은하계 중심에 있는 거대블랙홀의 역할에 대해서는 아직 모르는 상태이다. 현재 천문학 연구에 따르면 은하계 중심에 있는 거대블랙홀에 대해서는 수많은 블랙홀이 모여서 형성되었다는 등 몇 가지 가설이 있다. 2021년 미국의 애리조나 대학 연구팀이 약 130억 광년 떨어진 빅뱅 초기의 퀘이사(Quasar, 준항성)[45] 중심에서 거대블랙홀을 발견하였다. 이 거대블랙홀의 질량은 태양의 약 16억 배나 된다고 하는데, Astrophysical Journal Letters(2021)에 게재된 이 연구팀의 연구에 의하면 거대블랙홀은 엄청난 양의 수소가스가 붕괴함으로써 형성되었다고 한다. 이와 같은 거대블랙홀과 은하계 중에서 어느 것이 먼저 생성되었는지 그리고 빅뱅 초기에 어떻게 거대블랙홀이 생성될 수 있었는지에 대하여 여러 가설이 있다[10, 11, 13, 14]. 여기서 거대블랙홀이 은하계를 생성했다는 가설이 '생산처'라는 선사의 법문에 가장 가까운 설명으로 보인다. 하지만 이 법문은 거시세계에서의 블랙홀, 블랙홀 내부의 구조 연구뿐만 아니라 다음 장에서 소개할 큰스님 법문에서 논의할 '미시세계에서의 블랙홀 연구'와 함께 심성통신으로 연구해 나가야 할 분야이다.

영국의 유명한 블랙홀 전공 이론 물리학자인 스티븐 호킹은 블랙홀이 주위에 에너지를 발산하고 증발하여 없어진다고 하였다[12]. 즉, 블랙홀 주위의 공간에 전자와 반전자라는 입자가 생겨

---

44) 대행선사(1999), 『허공을 걷는 길: 국내지원법회』, 3권, p. 1587, (재)한마음선원.
45) 퀘이사: 블랙홀이 주변 물질을 집어삼키는 에너지에 의해 형성되는 거대 발광체.

나면 한쪽은 블랙홀로 떨어지고 다른 한쪽은 블랙홀 바깥으로 멀리 날아간다. 그 결과 블랙홀은 입자를 방출하면서 에너지를 잃고 사라진다. 그러나 태양 질량 정도의 블랙홀이 증발하여 없어지 데 걸리는 시간이 우주의 나이(137억년)보다 훨씬 긴 것을 고려해 볼 때, 스님의 '블랙홀은 생산처'라는 법문을 설명하기에는 미진해 보인다. 여기에서 언급한 '전자와 반전자'에 대해서는 다음 장에서 큰스님께서 '전자와 반전자에 관하여 설명하신 법문'을 중심으로 '미시세계에서의 블랙홀 소통'을 설명하면서 자세히 다루도록 하겠다.

4. 한마음 불바퀴 작용으로서 블랙홀

지금까지 현상세계(물질세계)에서의 블랙홀에 대해서 살펴보았다. 큰스님의 설법처럼 블랙홀 주위로 원반형의 가스, 먼지의 흐름이 불바퀴처럼 돌아가는 것을 사진으로 살펴보았다. 그러나 항상 그러하듯이, 스님께서는 무슨 법문을 하시든지, 마무리는 주인공으로 하신다. 주인공이 중심이다! 블랙홀에 대하여 많은 설명을 하셨지만 주인공(절대계)의 나툼으로 현상계의 블랙홀을 설명하고 계신다. 즉 주인공의 작용으로 불바퀴가 둘이 아니게 현상세계에 발현된 것으로 블랙홀을 설하시고 계신다. ―유의 세계 50%, 무의세계 50%― 주인공은 작용하는 중에 있다고 하겠다. 이와 관련된 큰스님 법문을 아래에 인용한다.

> 부처님께서는 '불바퀴가 돌아간다'고 하셨고 '우주 전체의 불바퀴'라고 하셨고 '우리 불성을 먼저 알라'고 하셨습니다. 외국에서는 블랙홀이라고 그렇게 말합디다마는 블랙홀이라는 그 생산처는 바로 내 가슴에 직결돼 있다는 말을 하고 싶군요.[46)]
>
> 그렇기 때문에 지금 과학을 연구하는 분들은 이 말을 들으면 아마 빨리 알아들으시리라고 봅니다. 내 마음 하나에, 즉 말하자면 블랙홀 안에서 나가는 그 에너지가 어디로 나가느냐? 그 에

너지도 배출이 되지만 내 마음의 영원한 그 근본 불이라는 것이 한데 모였다 흩어졌다, 한데 모였다 흩어졌다 하는 작용을 무수하게 하고 있다는 얘깁니다. 이게 우리네 지금 숨 쉬고 들이쉬고 내쉬고 하는 작용입니다. 그런데 그걸 끌어다 쓸 수 있는 것은 우리 법입니다. 법바퀴.47)

그러니까 돌아가는 다섯 가지의 통을 모두 벗어나야 바퀴를 굴릴 수 있다는 거죠. 그것을 불바퀴라고도 하고 외국에서는 블랙홀이라고도 합니다. 돌아가는 그 자체를 넘어서야만이, 그 통 안에서 벗어나야만이 불바퀴를 굴릴 수가 있고, 법바퀴도 굴릴 수가 있고, 자유인이 되어 삶의 보람을 느낄 수도 있다 이 말입니다. 무슨 소리가 무슨 소린지 아리송하실는지도 모르죠. 그러니까 얼른 쉽게 말해서 정신계의 50%와 물질계의 50% 양면이 작용이 돼야 에너지가 나온다는 얘깁니다. 아무리 물질계의 50%에서 의학적으로나 과학적으로나 모든 거를 다 충족시키려고 해도 그건 한계가 있는 것입니다. 그렇기 때문에 정신계의 50%가 마저 같이 작용을 해야만이 그 에너지는 충족이 될 것입니다.48)

그래서 이 불바퀴의 에너지가 있다면, 우리가 지금 숨쉬고 사는 그 에너지가 거기에서 배출이 되면 또 생산이 되고 그럽니다. 두 부부가 생산을 안 해냈다면, 움죽거리지 않고 생각을 안 해서 그렇게 생산을 안 해냈다면 여러분 자손이 어디 나왔겠습니까, 네? 이거 웃을 일이 아닙니다. 별성도 역시 마찬가지입니다. 별성에서는 불바퀴에서 배출되는 에너지가 자력에 의해 저절로 가서 틀림없이 한데 합쳐진단 말입니다. 따로따로 떨어지는 게 아니에요. 그것은 물질이 아니기 때문입니다. 그런데 물질로서 그게 아주 거대하게, 그러니까 줄지도 않고 늘지도 않게 지금 조절을 하니까 그렇지, 만약에 체가 없는 마음이, 별성들이 와르르르 일어났다 하면 그 불바퀴가 얼마나 팽창될 것입니까? 이거는 과학적으로 이름을 붙여서 말하는 거하고는 정반대로, 말로는 형용할 수 없는 그런 문제가 나옵니다.[49]

---

46) 대행선사(1999), 『허공을 걷는 길: 국내지원법회』, 2권, p. 628, (재)한마음선원.
47) 대행선사(1999), 『허공을 걷는 길: 법형제회법회』, 1권, p. 143, (재)한마음선원.
48) 대행선사(1999), 『허공을 걷는 길: 국내지원법회』, 2권, p. 627, (재)한마음선원.
49) 대행선사(1999), 『허공을 걷는 길: 법형제회법회』, 1권, p. 144, (재)한마음선원.

제4부
블랙홀 소통

1. 거시세계에서의 블랙홀과 화이트홀

블랙홀이 모든 물질을 삼키는 반면에 화이트홀은 모든 물질을 뱉어낸다. 그리고 블랙홀과 화이트홀을 연결시켜 주는 통로를 웜홀(worm hole, 벌레구멍)이라고 하는데, 아직은 관측이 되지 않은 이론적으로 가능성이 제시된 SF소설 같은 이야기이다. 〈그림 5-1〉은 블랙홀, 화이트홀 그리고 웜홀을 도식화한 것이다[12]. 〈그림 5-1〉은 이차원 평면을 반으로 접은 것인데, 이차원 평면 위에 우리가 사는 우주가 담겨 있다고 가정한다.

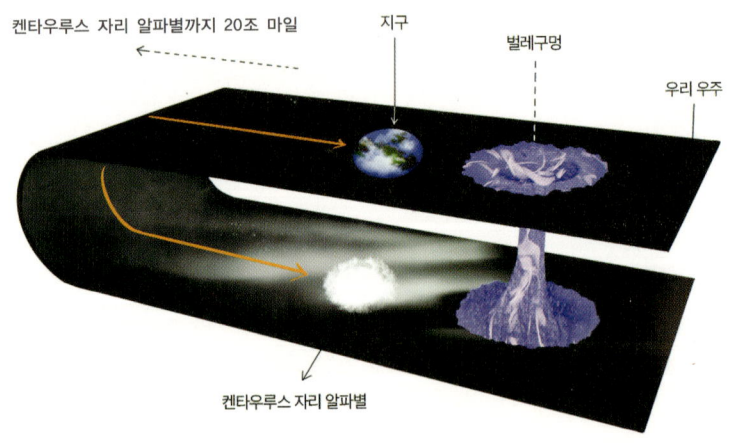

〈그림 5-1〉 벌레구멍을 통한 여행

만약 이차원 평면 위에 있는 지구로부터 켄타우루스 알파별[50]로 향하여 여행하고자 한다면, 화살표 방향으로 둘러서 여행하기보다는 〈그림 5-1〉에서 보는 바와 같이 두 곳을 연결한 웜홀을 이용하는 것이 훨씬 가깝다. 즉 웜홀을 통한다면 시공을 넘어서 여행할 수 있다[12].

---

50) 켄타우루스 알파별: 태양에서 약 4만 광년 떨어져 있는 별로, 켄타우루스 자리에 있는 적색 왜성 프록시마 다음으로 태양에 가까이 있는 별.

2. 미시세계에서의 입자와 반입자 및 블랙홀 소통

대행선사는 미시세계에서 물질과 반물질이 합하여 빛에너지로 변화하는 과정을 설명하고, 그 효과로 블랙홀 소통이 일어난다고 설법하였다. 물리학에서 상당히 전문적인 분야인데 스님께서 설명하시니 필자로서는 상당히 놀랄 뿐이다. 주인공을 중심으로 현상계에 펼치는 도리로서 '심성과학'이라고 표현하신 깊은 뜻이 전해 온다. 현상계가 주인공의 나툼일진데, 우리 모두가 심성과학 연구자 아니겠습니까? 미시세계에 대한 스님 법문은 물질 및 반물질 그리고 블랙홀 소통으로 나누어 설명하도록 하겠다.

2-1. 미시세계의 물질과 반물질

대행선사께서 설명하신 물질(입자)과 반물질(반입자)에 대한 법문을 인용하면서, 물리학적 관점에서 살펴보고자 한다.

> 입자와 반입자가 한데 융합되어 반응할 때 두 입자의 질량은 다 없어지고 광력 즉, 에너지 광만 나온다. 마음과 마음이 둘 아닌 데서 불이 번쩍 할 때에 네가 불을 들어오게 했다고 할 수도 없고 내가 불을 들어오게 했다고 할 수도 없으니 어느 쪽에서 일

을 했다고 하겠는가?[51]

　물질과 반물질이 합해 버리면 전체가 없어져 버려. 전체가 없어지고 에너지로 변해 확산해 버려. 이게 반물질의 개념이지. 보통 우리가 살고 있는 현상계, 인간이 살고 있는 현상계의 반물질의 요소는 말하자면 전자, 전자라는 게 -전기를 갖고 있는 전자예요. 모든 전자가 -이온이지요. 근데 +이온으로 갖고 있는 전자가 있어요. 그럼 -이온으로 갖고 있는 전자하고 +이온으로 갖고 있는 전자하고 합쳐버리면은 이거는 폭발적으로 부딪히면서 없어져 버려요. 무로 돌아간다구요. 그래 물리학자들의 소위 블랙홀의 개념이 바로 이거야.[52]

　현대물리학에 의하면 원자핵 주위의 공간에 빛(고에너지 감마선)을 쪼이면 물질이 생겨난다. 그 원리는 아인슈타인의 유명한 방정식 $E=mc^2$에 의해서 빛에너지(질량이 0인 입자!!!)는 질량을 가진 물질로 변환된다! 여기서 E는 빛에너지, m은 질량 그리고 C는 광속이다. 독자들께서는 이 방정식을 사용하는 것까지는 양해해 주셨으면 한다. 다시는 방정식이 나오지 않을 것이다.

　물질을 구성하는 기본단위는 소립자인데 소립자가 모여 원자, 분자가 되어서 물질을 형성한다. 이 원자를 구성하는 기본적인 소립자는 전자, 양성자, 중성자인데 〈그림 5-2〉는 가장 간단

---

51) 대행선사(2010), 『한마음요전』, p. 689, (재)한마음선원.
52) 대행선사(1984), 『담선법회』, (재)한마음선원.

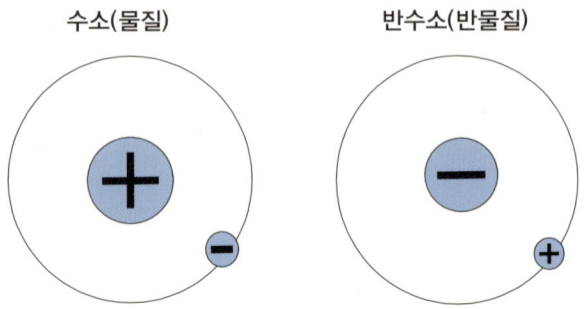

〈그림 5-2〉 물질과 반물질

한 수소원자를 나타낸다. 즉, -전하를 가지고 있는 전자와 +전하를 가지고 있는 양성자로 구성되어 있는데, 양성자가 전자보다 훨씬 무거운 입자이다. 그런데 정반대로 +전하를 가진 전자를 반전자(양전자), -전하를 가진 양성자를 반양성자라고 부르는데, 반전자와 반양성자와 같은 반입자로 구성된 물질을 반물질이라고 부른다. '반물질'이 전자와 양성자로 구성된 '물질'을 만나면 두 입자의 질량은 없어지고 빛을 방출하고 무(無)로 돌아간다.

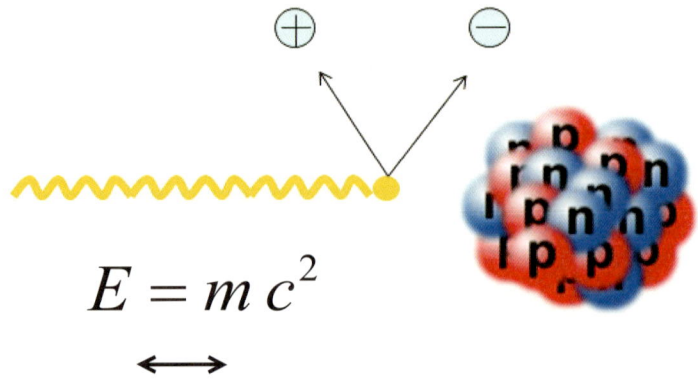

〈그림 5-3〉 입자, 반입자의 충돌: 생성과 소멸

〈그림 5-3〉은 원자핵 주위에 있는 빈 공간에 빛에너지(감마선)를 가하면 -전자와 +반전자가 생겨나는 것을 보여주는 도식이다. 물론 역과정으로 전자와 반전자가 만나서 빛이 방출되기도 한다. 스님께서는 위 법문에서 이 현상을 설명하고 계신다.

2-2. 블랙홀 소통과 미시세계 진공에서의 양자요동

미시세계에서 물리학의 '에너지가 요동하는 꽉 찬 진공'의 관점에서, 아래에 인용한 법문에서 대행선사가 설한 블랙홀 소통에 대하여 살펴보기로 한다.

> 이 물질계. 인간이 체험할 수 있는 물질계하고 소위 반물질이 존재하는 그런 우주가, 우리가 알 수 없는 우주가 저쪽에 있다 하는 얘기예요. 그래서 그 반물질로 형성돼 있는 우주는, 이 우리가 알 수 있는 -이온으로 된 이 물질계와 똑같애. 거기에도 이 아무개가 있어. 우 아무개가 있고, 똑같다 하는 얘기야. 생김새도 똑같애. 근데 그게 이제 블랙홀이나 어떤 소통이 돼가지고 마주 합쳐버리면 형체가 없어져 버려. 증발이 돼 버린다구. 허공이 돼버린다는 얘깁니다.53)

현대물리학에서 양자역학의 불확정성 원리에 의하면 미시세계에서의 진공은 아무것도 없는 무(無)의 상태가 아니라 에너지가 끊임없이 요동치고 있다.(독자들께서는 잔잔한 연못 위에 아주 미세하게 출렁이는

---

53) 대행선사(1984), 『담선법회』, (재)한마음선원.

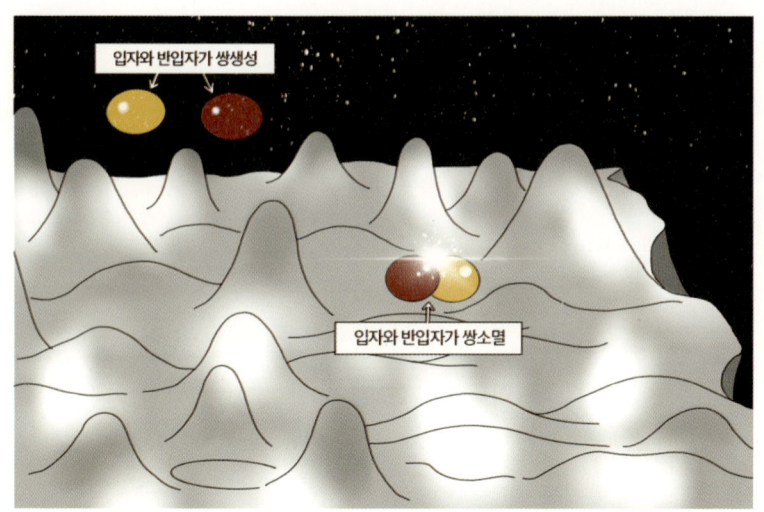

〈그림 5-4〉 미시세계: 진공에서의 에너지 요동

〈그림 5-5〉 미시세계: 진공에서의 웜홀의 생성과 소멸

출처: 짐 알칼릴리(2003), 『블랙홀 교실』, 사이언스 북스.

파도를 연상하시면 되겠다.) 〈그림 5-4〉에서 나타낸 바와 같이 미시세계의 진공에서는 입자와 반입자의 쌍이 생겨났다가 충돌하여 빛으로 바뀌어 사라지는 양자요동 현상이 반복적으로 일어난다.

그리고 여러 연구자들은 미시세계에서는 이러한 에너지 요동에 의해 미세한 웜홀(벌레구멍)이 순간적으로 생겨나고 사라지리라 생각하고 있다. 대행선사는 양자요동에 의해 블랙홀을 통한 소통이 일어난다고 설하였다.

일부 연구자들에 의하면 '플랑크'(플랑크 길이~10^{-35}m)라고 불리는 초미시세계에서는 시간과 공간의 왜곡이 일어난다. 〈그림 5-5〉는 이러한 시공간의 요동에 의해 미세한 웜홀(벌레구멍) 혹은 아기우주가 순간적으로 생겨나고 사라지는 것을 도식화한 것이다[15].

웜홀은 두 개의 다른 공간을 연결시켜 주는 4차원 공간의 다리인데 이론적으로 제시되어 있지만, 아직 실험적으로 관측되지는 않았다. 때로는 거시세계의 블랙홀과 화이트홀을 연결시켜 주는 다리를 웜홀이라고 하는데, 블랙홀은 모든 물질을 삼키는 반면 화이트홀은 모든 물질을 토해 낸다. 웜홀은 서로 다른 우주를 연결할 수도 있고, 같은 우주의 멀리 떨어진 두 영역을 연결할 수도 있다. 요약하면 대행선사가 입자, 반입자의 소멸과 연관시켜 설법한 '블랙홀 소통'은 위에서 설명한 미시세계와 거시세계의 과학적 관점과 관련시켜 볼 수 있다.

그리고 스님께서는 우주 저쪽에 반물질로 이루어진 세계가 있다고 설명하셨다. 빅뱅 이론 초창기에는 일부 과학자들 또한 큰스님 견해와 유사하게, 우주는 우리가 사는 물질세계와 반물질세계로 이루어져 있는데, 반물질로 된 세계는 우주 반대편에 가 있다고 하였다. 그러나 현재의 빅뱅 이론에 따르면 우주 초기에 소립자가 생겨날 때 알지 못하는 이유로 대칭성이 깨어져서 입자가 반입자보다 더 많이 생겨나고, 이 입자와 반입자가 결합하여 없어졌다고 한다. 그리하여 결합과정에서 살아남은 입자들이 모여서 지금의 우리가 사는 우주를 형성했다는 것이 지금 정설로 받아지는 이론이다[3].

하지만 큰스님의 '블랙홀 소통'과 관련시켜 설명한 미시세계의 웜홀은 이론물리학자들에 의하면 빅뱅 초기 공간의 급팽창(인플레이션)에 따라 미시세계의 웜홀도 팽창을 할 가능성이 있다[15]. 따라서 우리우주가 다른 우주와 연결되어 있을 가능성이 이론적으로 가능하다. 이 소통된 다른 우주가 반물질로 이루어진 세계일지, 우리우주의 먼 다른 지역일지는 현재 물리학 이론으로 짐작할 뿐, 모를 일이다. 즉 빅뱅이 일어난 후 웜홀을 통해 반물질세계가 우주 저편으로 가 있을 수도 있다. 다분히 학자들이 상상하는 사변적인 견해로 보일지라도 이론적으로 가능하다고 생각된다. 그러므로 스님의 '우주 저쪽에 반물질로 이루어진 세계가 있다'는 말씀을 유력한 가설로 접근해서 연구할 필요가 있어 보인다.

그리고 앞에서 설명한 바와 같이 〈그림 5-4〉와 〈그림 5-5〉에서 미시세계에서의 에너지 요동에 의해서 생겨난 웜홀은 빅뱅의 급팽창 단계에서 확장할 수도 있는데, 이와 같은 4차원 공간의 웜홀과 관련 있는 대행선사 법문을 인용한다.

> 우리 남쪽으로나 서쪽으로나 동쪽으로, 북쪽으로는 없지마는 그렇게 세 군데로, 우리 지금 이 지구에도 그런 사차원의 구멍이 있다는 겁니다. 그렇기 때문에 세계적으로 구멍이 많이 있으나 아홉 개의 구멍이 전부 있다는 겁니다. 그럼 세계적으로 보면 아홉 개지마는, 우리가 지금 여기에서 본다면, 세 구멍씩이면 얼맙니까? 딴 혹성에는 구멍이 두 개인 데도 있습니다. 목성 같은 데는 두 구멍밖엔 없습니다. 그것은 왜냐하면 자유스럽게 신선이 살고 있다는 얘기거든요.54)

2-3. 현대물리학에서의 진공과 대승불교의 오온개공

앞장에서 살펴본 바와 같이 양자물리학의 불확정성 원리에 의하면, 미시세계의 진공은 무(無)가 아니라 입자와 반입자가 생성, 소멸하는 에너지가 요동하는 세계이다. 그리고 원자핵 근처의 진공 중에 질량이 없는 빛(고에너지 감마선)을 가하면 질량이 있는 물질이 생겨나는데, 진공은 무(無)가 아니라 유(有)를 창조하는 성질을 가지고 있는 세계이다. 일부 서양의 학자들과 불교 관련 물리학자들은 이와 같은 에너지가 요동하는 현상계(물질계)의 진공과 불교의 공의 유사성을 비교하여 왔다[16-19]. 하지만 그 내용을 살펴보면 대부분의 경우 소승불교 관점에서 혹은 티베트 불교에서 중시하는 중관학파 사상에 중점을 두어서 설명하고 있다.

---

54) 대행선사(1999), 『허공을 걷는 길: 일반법회』, 2권, p. 58, (재)한마음선원.

대승불교의 반야심경에 나오는 '색즉시공 공즉시색'의 공은 '진공묘유'로 표현되는데, 이와 같이 표현되는 '텅 비어 있으나 꽉 찬 공'은 양자물리학의 미시세계의 '에너지가 꽉 찬 진공'과 유사한 면이 있다. 하지만 대승불교의 공과 양자물리학의 진공은 다른 차원의 개념이다. 대승불교의 공은 절대계(비물질세계)의 공이고 반면에 양자물리학에서 연구하는 진공은 현상계(물질세계)의 공이다.

  그러므로 첫째, 현상계(물질계)의 에너지가 꽉 찬 진공을 방편으로 비유로 들어서 대승불교의 꽉 찬 공을 설명할 수 있다. 그러나 대승불교의 공은 절대계의 공이며, 인간 각자가 탐지기(생각, 감정, 오감)가 되어서 체험하는 영역이다. 그래서 다른 사람이 대신해 줄 수 없는 각자의 깨달음의 영역이다. 자연과학처럼 객관적인 데이터를 제시할 수 있는 영역이 아니다. 반면에 양자물리학의 진공은 현상계(물질계)의 공이다. 예컨대 꽉 찬 양자물리학의 진공은 물질적 실험 장치를 이용한 실험으로 객관적 데이터를 제시할 수 있다. 예를 들어 원자핵 근처의 진공 중에 질량이 없는 빛에너지를 가할 때 발생하는 입자와 반입자는 실험 장치를 이용하여 검출할 수 있다. 또 다른 예로 '카시미르 효과'에 의하면, 양자물리학의 진공 중에는 수많은 파장을 가진 에너지 파동(입자)으로 가득차 있는데, 얇은 금속판을 수 nm(10^{-9}m)만큼 아주 가까이 접근시키면, 두 금속판 사이에서는 열린 공간에 비해 두 금속판 사이의 공간이 줄어들어 제한되므로 이 공간이 수용할 수 있는 파동의 개수가 줄어든다. 그 결과 두 금속판 사이의 진공 에너지 밀도가 금속판 바깥쪽보다 낮아지고, 두 금속판은 서로 끌어당기게 된다

[20, 21]. 즉 양자물리학의 꽉 찬 진공은 실험으로 객관적으로 보여줄 수 있다.

둘째, 대행선사가 그동안 설법하여 온 주인공에 중심을 두고 세 번 죽어서 현상계에서 오공의 도리로 끝 간 데 없이 걸어가는 보살도의 길. 즉, 경전의 경우 보조지눌 스님의 정혜쌍수에서 금강경, 법화경, 화엄경에 이르는 대승불교의 큰 맥을 따라서 불교의 공과 양자물리학의 진공을 비교 설명하겠다. 대승불교의 관점에서 본다면, 현상계의 물리학에서 다루는 진공의 작동원리와 설계도는 절대계의 공에 갖추어져 있으며, 절대계의 공이 현상계에 발현된 것이 물리학의 미시세계의 공이다.

즉 반야심경의 '오온개공'은 주인공에 중심을 두고 만법을 주인공에 들이고 내는 것을 설한 것으로 대승불교의 핵심이다. 대행선사는 "일체는 본래 공하여서 잠시도 쉴 사이 없이 나투며 돌아가고 있을 뿐이다."[55]라고 설법하였다. 그리고 이와 같은 대승의 관점에서, 주인공에 중심을 두고 심성통신으로 나투어서 연구하여 나가는 것이 한마음과학이다.

여기서 필자는 심성통신에 대하여 새로운 패러다임을 세우지 않았다. 대행선사는 우리의 일상생활을 공부 재료로 삼아서 마음공부를 해나가라고 하셨는데, 천체물리학의 연구 또한 부딪치는 일상생활의 공부 재료 중 하나이다. 일상생활의 재료가 되는 대

---

55) 대행 선사(2010), 『한마음요전』, p. 355, (재)한마음선원.

상 중에서 예를 들어, 여러 연구과제 중 천체물리학 연구를 믿고 맡기고 지켜보는 한 과정을 '심성통신'이라고 표현할 수 있다. 즉 뛰면서 생각하고 생활해 나가는 일상의 마음공부 속에 '반짝이며 움죽거리는 별성'과 함께하는 천체물리학 연구도 포함되어 있는 것이지, 천체물리학 연구와 일상생활 속의 마음공부가 다른 것이 아니다. 다만 믿음에 대한 체험 —참나를 발견하든지, 아니면 참나를 그냥 믿고 가든지— 이 선행되어야 할 심성통신의 출발점이다.

지금까지 현상계의 공과 절대계의 공을 나누어 비교하였지만, 대승불교의 '한마음'은 절대계와 현상계를 아우르는 도리이다. 대행선사는 아래에 인용한 법문에서, 육조선사의 설법에 한 구절 바꾸어 보태어 불성(공)이 어떻게 생긴 물건인지 그리고 불성(공)에 들이고 내는 도리를 설법하고 있다. —무의 세계 50%, 유의 세계 50%— 대행선사는 주인공을 믿고, 맡기고, 지켜보고, 오공의 도리(공생, 공심, 공체, 공용, 공식)로 생활하고 보림하면서 영원한 보살도의 길을 갈 것을 설하여 주었다. 여기서 오공의 도리는 불교경전의 육바라밀 가르침인 선정, 지혜, 인욕, 지계, 보시, 정진과 연관되어 있다. 혜교스님의 연구에 의하면 공생은 공동체의 생활 그리고 만물만 생의 근본인 '생명력'을 뜻한다. 공심은 함께하는 마음, 공체는 수많은 세포로 이루어진 몸체이다. 공용은 마음의 작용이며, 공식은 더불어 먹고, 나누고 살아가는 동체대비의 마음이다[22].

그래서 육조 스님은 그렇게 말씀하셨죠.
"내 불성이 있는 줄 어찌 알았으리까.
내 불성이 여여하게 함을 어찌 알았으리까.
내 불성이 갖추어 가지고 있음을 어찌 알았으리까.
내 불성이 만법을 자동적으로 들이고 내게 할 줄 어찌 알았으리까."
조금 더 보탰습니다마는 그런 말입니다.56)

대행선사는 위 법문에서 "내 불성이 일체만법을 능히 내는 줄 어찌 알았으리까."라는 육조선사 법문의 마지막 구절에서, "내 불성이 만법을 자동적으로 들이고 내게 할 줄 어찌 알았으리까."라고 한 구절을 바꾸어 보태고 있다. 즉, '색즉색', '공즉공'이 아닌 '색즉시공 공즉시색'의 공의 도리를 보여주고 있다. 대행선사는 "색즉시공 공즉시색이라는 말은 고정됨이 없이 찰나찰나 나투며 시공 없이 돌아가는 진리를 표현한 것이다"57)라고 설법하고 있다.

이번 장에서는 거시, 미시세계에서의 블랙홀과 연관된 시공을 연결하는 다리인 웜홀에 대해서 살펴보았다. 다음 장에서는 우리에게 항상 가슴 설레는 별, 별 이야기를 하도록 하겠다. 별에 대해 설하신 큰스님 법문을 다시 한 번 인용하면서 지금까지의 블랙홀 여행을 마치도록 하겠다.

---

56) 대행선사(1999), 『허공을 걷는 길: 법형제회법회』, 2권, p. 1045, (재)한마음선원.
57) 대행선사(2010), 『한마음요전』, p. 361, (재)한마음선원.

"지금 은하계에 별들이 그냥 생긴 거 아니예요. 우리 하나하나의 별들이에요. 거기에 생명이 있고, 생명의 근본이 거기 있고, 우리는 그 생명의 근본에 이끌려서 사는 거예요. 그러니까 그거 하나하나가 전부 둘이 아니죠. 그러니까 내가 관할 때는 그 별성한테 관한다고 해도 과언이 아니예요. 그래 부처님이 별성을 보고 깨달았다고 그러지 않습니까."

제5부

별: 별의 삶과 죽음

•••

 지금까지 블랙홀과 입자의 교환을 통한 물질, 우주형성을 설명하면서 거듭해서 독자들께 강조한 바와 같이, 큰스님의 과학법문은 그 자체로 과학적인 사실을 담고 있지만, 스님께서는 우주의 돌아가는 과학적 현상을 예를 들어 비유하시면서, 한마음 주인공을 중심으로 나투는 한마음의 작용(불바퀴)을 설명하고 계신다. 즉 '과학법문 따로, 마음 내는 작용 따로따로가 아니라, 근본(한마음)과 작용은 함께 돌아간다.'라고 할 수 있다. 필자의 개인적인 의견을 조심스럽게 말씀드리면, '주인공'하면 근본 '진공묘유' 자리이고 '믿고 맡기고 지켜보며 살아간다'는 것은 작용이 아닐까 한다. 근본과 작용이 따로따로가 아니라 함께 어울러 펼쳐진 것이 끝 간 데 없는 보살도의 길이라고 이해하고 있다.

> 우리가 내 몸 하나 가지고 지금 모두 연구하고 마음공부 해 나가면서 알아보면 내 몸이 지구와도 같고 우주와도 같은 거죠. 우주에 관한 건이 생명의 근본, 즉 별성을 알 수가 있고. 그 외에 북두칠성 같은 것도 어떠한 관계로 생겼나 하는 것도 알 수 있고요. 모든 혹성에 대한 문제들도 우리가 탐지할 수가 있는 거죠.[58]

 20여 년 전 위에서 인용한 워싱턴지원 청년회법회 법문에서, 큰스님께서 저에게 '태초'에 대해 설명하시면서 연구하고 마음

---

58) 대행선사(1999), 『허공을 걷는 길: 국외지원법회』, 3권, p. 1725, (재)한마음선원.

공부 해가다 보면 북두칠성이 어떠한 관계로 생겼는지 알 수 있다고 하셨는데, 그 당시 필자의 입장에서는 가슴은 설렜지만 솔직히 황당하였다. 큰스님께서는 2000년 7월 30일 심성과학연구원 첫 번째 날 법문에서 회원들에게 심성과학 연구가 부족함에 경책하고 독려하는 자리에서 시작하는 첫 부분 말씀이 "나는 박사님들을 믿고, 박사님들을 믿고 전자에 발족하고 난 뒤에 어련히 생각 생각을 해서 한 계단 이렇게 무의 세계에 무의 법으로써는 하나를 세 개라고도 하고 세 개를 일곱 개라고도 하고, 일곱 개를 아홉 개로 이렇게 칭하고 돌아갑니다."라고 하셨다. 때늦게, 이제야 돌이켜보니, 북두칠성의 '7'의 의미를 조금 알 듯하다. 아공, 법공, 구공이 한 방에 어울려 —끝 간 데 없는 무의 세계 50%, 유의 세계 50% 보살도의 길— 주인공을 믿고 맡기고 지켜보면서, 공생 공심 공체 공용 공식으로 살아가는 길. 오직 믿을 뿐!!! 숫자로 표현하신 심성과학원 법문에 대해서는 본 과학법문 정리파일 후속 편에서 '태초'(우주의 실상)에 대해 논할 때, 큰스님께서 자주 비유로 설명하신 짜장면 맛을 알기에는 요원한 저의 수준이지만, 짜장면이 어떻게 생긴 물건인지에 대한 저의 작은 이해한 바를 설명하고자 한다.

요약하자면, 천체물리학의 작용원리는 마음 내는 도리와 다르지 않다. 하지만 그 중심은 한마음 주인공이라는 점을 상기하면서 별 이야기를 시작하고자 한다. 별성은 인간(생명), 지구, 은하계, 우주와 그 중심은 하나(주인공)로 연결되어 있으며, 같은 원리로 작동하고 변화하면서 돌아간다. 즉 별은 우리 친구들이며, 밤하늘의 별성들은 나의 별성과 하나로 돌아간다. 별의 삶과 죽음에 대한 선사의 법문을 아래에 인용한다.

> 그와 같이 우리 인간의 재생이나 별성의 재생이나 똑같다는 얘깁니다. 수명이 짧고 길 뿐입니다. 수명이 길다고 해서 영원하다, 짧다고 해서 영원치 않다 이런 건 아닙니다. 모두가 영원한 것입니다. 그 이유는 바로 껍데기만 벗어지고 그 영원한 에너지는 그냥 있기 때문입니다. 그 에너지에서 한데 모아서 또 그 껍데기를 조성해서 다시 나오는 거죠. 그래서 (손가락을 하나 세워 보이시면서) 불바퀴가 있으면 법바퀴가 있습니다. 불바퀴, 법바퀴, 지혜바퀴! 이것이 한데 합쳐진 결론에서 바로 생산이 얻어지는 거죠. 그러니까 만약에 몸이 쇠퇴해지면 작용을 해서 껍데기를 벗고 새 생활을 할 수 있는 것처럼, 그 별성도 새 생활을 하려면 에너지가 폭발이 되죠.[59]

---

59) 대행선사(1999), 『허공을 걷는 길: 정기법회』, 2권, p. 529, (재)한마음선원.

1. 별의 탄생

밤하늘의 별은 인간과 마찬가지로 탄생·성장의 과정을 거쳐서 진화하며, 인간이 죽음을 통해 모든 것을 자연에 돌려주듯이, 궁극에는 폭발하여 죽음을 통해 가스·먼지 등을 주위에 뿌리며 생을 마감한다 (生長收藏). 그리고 이 가스, 먼지 등을 재료로 하여 새로운 별이 탄생한다.

〈사진 6-1〉 은하수 (Milky Way)

출처: NASA; Astronomy Picture of the Day

〈사진 6-1〉은 밤하늘의 은하수를 보여준다. 〈사진 6-1〉에서 좌우로 길게 뻗어 있는 검은 영역을 성간물질이라고 하는데, 이것이 모여서 성운을 형성한다. 이 성운들은 대부분 수소가 70% 정도를 차지하며 그 외에 헬륨, 먼지로 구성되어 있다. 〈사진 6-2〉은 암흑성운을 보여주는데, 오리온자리에 있는 말머리 성운이라 불린다.

이와 같은 차가운 성운(-173℃)이 모여서 중력에 의해 응축되어, 압력이 높아지면서 내부에서 수소원자가 헬륨으로 변화하는 과

우주 이야기 87

〈사진 6-2〉 말머리 암흑성운   출처: NASA; Astronomy Picture of the Day

정에서 열이 발생하고 별이 탄생한다. 즉 입자들이 암흑 속에서 구르면서 열이 발생하여 별이 형성되며, 이 별들이 진화하고 폭발하여 생명체를 구성하는 물질을 제공한다. 다시 말하면, 성운의 압축으로 발생한 고온의 열이 별의 탄생, 진화에 중요한 역할을 한다. 예를 들어 천문학자들이 별을 연구할 때, 별의 표면온도와 밝기(광도) 그래프(H-R 도표)를 이용하여 별을 분류하고, 진화단계를 연구한다[4-9].

아래의 큰스님의 지수화풍으로 설명한 과학법문을 별의 탄생에 대해 설명한 천체물리학 연구와 연관시켜 볼 수 있겠다. 즉 암흑 속에서 지수화풍 사대가 비비고 돌아갈 때 열(에너지)이 발생하여 별이 생성되고, 나아가 생명체를 구성하는 원소들이 만들어진다.

생명만 살아 있다 뿐이지 모든 게 지수화풍이 움죽거리지 않고 침체돼 있는 상태에선 아마 암흑이라고 했을 것입니다.60)

애당초에 지수화풍이 그것이 한데 합쳐서 비비고 돌아갈 때, 암흑세계에서 그게 돌아갈 때 그 불이 원기가 생겨가지고 생명이 생긴 거니까 그렇게 최초에 생긴 것이 생명이라고 합니다.61)

참고로 우주에서 별들이 탄생하는 지역을 좀 더 살펴보면, 〈사진 6-3〉은 창조의 기둥이라 불리는 뱀자리에 있는 독수리성운

〈사진 6-3〉 독수리성운   출처: NASA; Astronomy Picture of the Day

---

60) 대행선사(1999), 『허공을 걷는 길: 정기법회』, 1권, p. 113, (재)한마음선원.
61) 대행선사(1999), 『허공을 걷는 길: 정기법회』, 4권, p. 152, (재)한마음선원.

〈사진 6-4〉 Whirlpool 은하계　　출처: NASA; Astronomy Picture of the Day

이다. 〈사진 6-3〉에서 왼쪽에 있는 기둥의 길이가 약 1만 광년 되는 거대한 성운이다. 〈사진 6-3〉의 위 밝은 부분에서 별이 탄생하는 것을 볼 수 있다.

〈사진 6-4〉는 우리은하계처럼 회전하는 나선 은하계를 보여주는데 붉은 부분이 수소가 모여 있는 지역으로 별이 탄생하는 지역이다. 앞장에서 설명한 바와 같이 은하계는 서로 충돌하여 합치는 과정을 통해서 더 큰 은하계를 형성하며, 이 과정에서 새로운 별들이 탄생하여 젊어지기도 한다.

〈사진 6-5〉 안테나 은하계　　　출처: NASA; Astronomy Picture of the Day

〈사진 6-5〉는 두 은하계가 충돌하는 것을 보여주는 안테나 은하계 사진인데, 청백색 부분이 새로 태어난 별들이며 붉은색은 수소가스가 내는 빛이다. 그리고 검은 부분은 별의 재료가 되는 가스, 먼지가 밀집되어 있는 지역이다.

2. 별의 진화

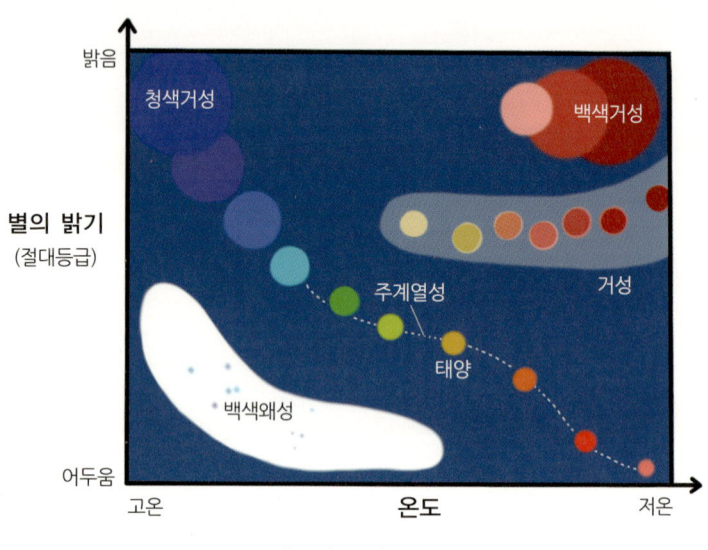

〈그림 6-1〉 H-R 도표

아래에 인용한 법문에서 스님께서는 별의 차원을 별의 크기, 색깔, 별의 밝기로 설명해 주셨다. 천문학에서 별의 탄생과 진화 단계를 연구하는 H-R 도표(별의 표면온도와 밝기 그래프)를 부연설명하면 H-R 도표상의 표면온도는 별의 색깔과 관련 있다. 표면온도가 높으면 파란색, 온도가 낮으면 붉은색을 띤다. 즉 H-R 도표상에서 스님이 말씀하신 별의 크기, 색깔, 별의 밝기를 관측하여 진화단계를 분류한다. 〈그림 6-1〉은 H-R 도표를 보여주는데 태양은 주계열상에 위치하여 있는 평범한 별이다[4-9,23].

지금 은하계에서도 물론 별이 크고 작은 것이 있습니다. 빛깔도 엷고 붉고 이렇게 서로 다른 문제들이 있는 것은 우리 인간이 살아나가는 데에도 차원이 있듯이 그것도 차원에 따라서 강렬하게 빛을 내는 것이 있고 희미하게 빛을 내는 것도 있습니다. 바로 별이 차원입니다. 큰 것도 있고 작은 것도 있는 것은 힘입니다.[62]

〈사진 6-6〉 플레이아데스 성단   출처: NASA; Astronomy Picture of the Day

별도 인간과 마찬가지로 차원에 따라서 크기와 수명이 다르다. 즉 탄생할 때 질량이 크면 재료가 되는 수소, 헬륨 등을 빠르게 소진하기 때문에 수명이 짧다. 반면에 질량이 작으면 수소를 천

---
62) 대행선사(1999), 『허공을 걷는 길: 정기법회』, 2권, p. 89, (재)한마음선원.

우주 이야기   93

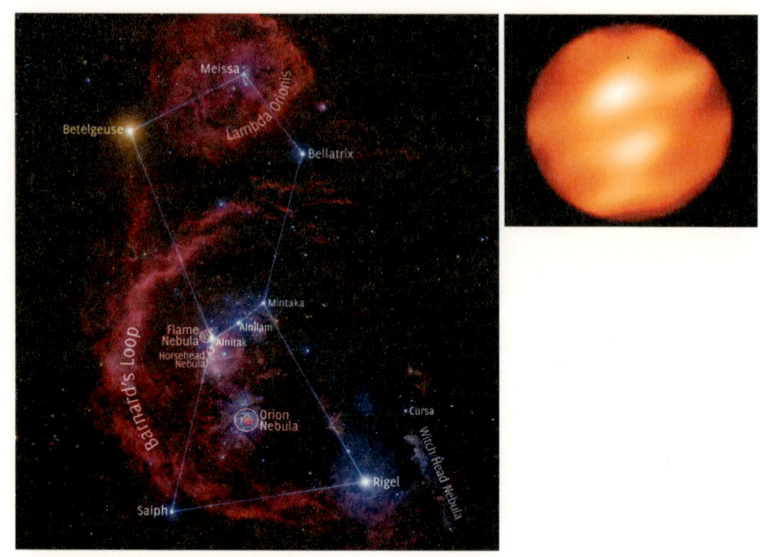

〈사진 6-7〉 오리온 별자리에 있는 베텔게우스

출처: NASA; Astronomy Picture of the Day

천히 소진하기 때문에 수명이 길다. 별의 색깔은 갓 태어난 어린 별들은 파란색이고 나이가 들어감에 따라서 적색거성이라는 붉은 색깔의 늙은 별로 변해 간다[4]. 〈사진 6-6〉은 파란색의 젊은 별이 모여 있는 플레이아데스 성단 그리고 〈사진 6-7〉의 왼쪽 상단 오리온자리에 있는 늙은 별인 적색거성 베텔게우스(Betelgeuse)를 보여주고 있다. 베텔게우스는 지름이 태양에서 지구까지 거리의 5.5배(5.5천문단위)인 거대한 별이다. 만약에 베텔게우스를 태양계로 가져오면 수성, 지구, 화성을 삼키고 목성까지 이르는 어마어마하게 큰 별이다.

별이 집단적으로 모여 있는 천체를 성단이라고 한다. 약 수천

〈사진 6-8a〉 구상성단 NGC104 (남반부 Chile)
출처: NASA; Astronomy Picture of the Day

〈사진 6-8b〉 구상성단 (NGC104)
출처: NASA; Astronomy Picture of the Day

개의 별들이 느슨하게 묶여서 모여 있는 천체를 산개성단이라고 하는데, 플레이아데스는 산개성단으로 분류된다. 플레이아데스 성단에서는 성운에서 거의 동시에 태어난 별들이 모여 있다. 반면에 수십, 수백만 개의 늙은 별들이 공처럼 밀집하여 모여 있는 천체를 구상성단이라 부르는데, 구상성단은 은하계 중심 주변의 외곽지역에 많이 분포한다. 〈사진 6-8a〉와 〈사진 6-8b〉에서 소마젤란 은하계 왼쪽에 공 모양의 천체가 구상성단(NGC104)인데,

아직 구상성단의 생성원인과 진화단계는 밝혀져 있지 않다[6]. 참고로 아래의 큰스님 법문은 늙은 별의 집단인 구상성단을 가리키시는 것은 아닌지 추측하여 본다.

> "만약에 어떠한 잘못된 마음들이 한데 모인다면, 지금도 한데 모여서 이렇게 덩어리가 져서 돌아다니는 그러한 별성도 있다고 봅니다. 그것은 뭐냐? 우리가 여기 세상에서 살면서 깡패나 강도나 도둑, 마적 이런 거나 똑같은 얘깁니다."[63]

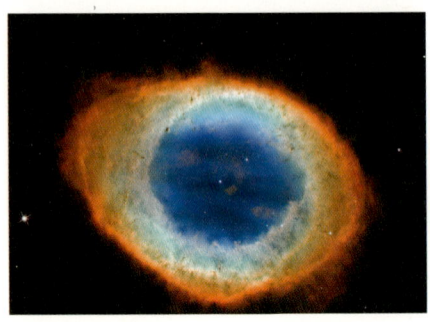

〈사진 6-9a〉 반지성운

태양은 대부분의 별이 속해 있는 주계열성에 속해 있는데, 우주에서 일반적인 중간치 되는 노란색의 젊은 별이다. 태양은 나이가 약 50억 년인데, 50억 년 후에는 하얀색의 백색왜성이 되리라 예상된다. 태양과 질량(0.08~10배)이 비슷한 별들은 적색거성 단계를 거쳐 지구 근처로 다가올 정도로 팽창한다. 그러나 폭발하지 않고 주위로 서서히 가스층이 확산되어 나감에 따라 행성상 성운이 형성되고, 그 중심은 압축되어 백색왜성이 된다. 〈사진 6-9a〉, 〈사진 6-9b〉와 〈사진 6-9c〉는 행성상 성운의 모습을 보여준다.

---

63) 대행선사(1999), 『허공을 걷는 길: 정기법회』, 2권, p. 33, (재)한마음선원.

태양보다 질량이 8배가 넘는 별들은 수소를 주원료로 하여 성장하면서 탄소, 산소, 네온, 마그네슘, 규소, 철 등을 만들어낸다. 태양과 같은 별은 핵융합 반응을 통해 헬륨·탄소를 만들어내는데, 이 과정을 양성자-양성자 연쇄반응 그리고 탄소·질소·산소가 관여하는 CNO 순환반응으로 나눌 수 있다. 큰스님께서는 태양에 대한 과학법문에서 이와 같은 반응에 관여하는 반응 입자, 온도 등을 정확하게 전문적으로 설명해 놓으셨다. 그러므로 추후 태양에 대한 큰스님 법문을 다룰 때, 이 반응들을 상세히 설명하도록 하겠다. 다만 큰스님께서는 태양 내부가 차갑다고 하셨는데, 이 부분이 우리가 풀어야 할 과제이다.

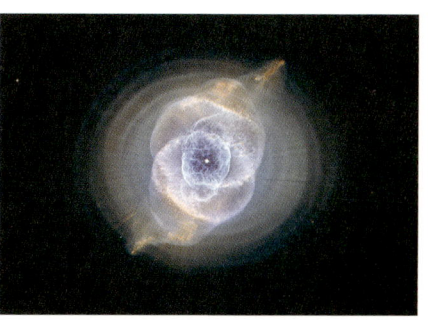

〈사진 6-9b〉 고양이눈 성운

〈사진 6-9c〉 모래시계 성운
출처: NASA; Astronomy Picture of the Day

태양 질량보다 10배 이상 무거운 큰 별은 적색거성의 시기를 거

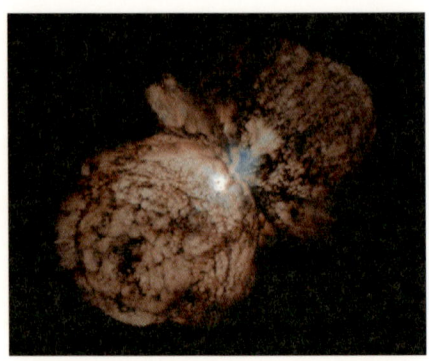

〈사진 6-10〉 Eta Carinae: 초신성 폭발 직전 모습
출처: NASA; Astronomy Picture of the Day

〈사진 6-11〉 게성운의 폭발 후 잔해 모습
출처: NASA; Astronomy Picture of the Day

쳐 폭발하여 중성자별 혹은 블랙홀이 된다. 철은 결합에너지가 가장 큰 원소이다. 그러므로 철보다 무거운 중원소인 금, 은, 우라늄 등과 같은 물질은 철 원자핵과 중성자를 융합할 정도로 엄청나게 큰 고온 고압 환경인 큰 별이 폭발할 때 생성된다. 즉 별은 삶과 죽음을 통해 우리 몸의 구성성분을 포함한 물질을 생성한다. 〈사진 6-10〉은 태양보다 150배 무거운 거대한 에타카리나 별이 폭발하기 직전의 모습을 보여주고 있다.

태양보다 무거운 큰 별이 폭발한 후의 잔해(껍데기)를 보여주는 대표적인 예로는 게성운(Crab Nebula)이 있는데, 〈사진 6-11〉의 중심부에는 중성자별이 있다. 그리고 〈사진 6-12〉는 대마젤란 은하계에서 발견된 초신성 사진인데 은하계보다 밝은 빛을 내고 있다. 태양보다 0.08배 가벼운 별들은 중수소 핵반응이 금방 끝나 버리고 빛을 내다가 서서히 식어가서 갈색왜성이 된다

[4-9, 23].

〈사진 6-13〉은 장미성운이라 불리는 행성상 성운인데, 별이 죽음을 맞이하여 주위에 뿌린 성운(껍데기)의 중심부 근처에서 파란색의 새로운 별이 탄생하는 것을 볼 수 있다. 아래에 이 현상에 대하여 설하신 스님 법문을 인용한다.

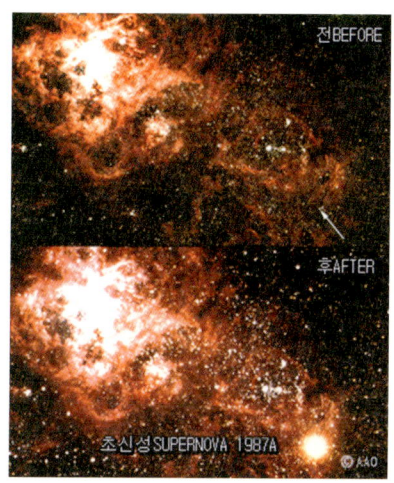

〈사진 6-12〉 대마젤란 은하계에서 일어난 초신성(1987A) 폭발 모습
출처: 김형진(2004), 『빛과 우주』, 화산문화.

〈사진 6-13〉 장미성운(행성상 성운)
별의 잔해 속에서 새로운 청색 별이 탄생하는 모습
출처: NASA; Astronomy Picture of the Day

우주 이야기 99

> 이 몸뚱이도 혹성이라고 할 수 있는 것입니다. 이 혹성이 있기 때문에 별성이 여기에 있죠. 우리의 마음들은 별성인 겁니다. 우리 몸뚱이가 사대로 흩어진다 하더라도 없어지는 것이 아니라, 저 별성도 옷을 벗고 바로 같이 이 세상에 환생을 해서 또다시 태어나는 겁니다. 그런데 여러분이 자기 그릇에 따라서, 용도에 따라서, 과거에 살아온 그 차원에 따라서 이 세상에 모습을 가지고 태어난다 이 소리죠.[64]

다음 장에서는 우리가 살고 있는 태양계로 돌아올 것이다. 2019년 노벨 물리학상은 별 주위를 도는 외계행성 발견 그리고 우주의 구조를 수학적으로 분석하는 이론적 발견에 기여한 연구자들에게 상이 수여되었다고 한다. 큰스님께서는 일찍이 외계인 탐사프로그램(SETI)에 대해 한계성을 지적하면서 한마음공부를 통한 연구를 강조하셨고, 외계행성과 외계생명체 그리고 멀리 갈 것도 없이 태양계 내의 생명체, 존재, 태양계 내의 행성문명, 비행접시 등에 대하여 언급하셨다. 노벨상을 타신 분들의 노고를 폄하하는 것이 아니라, 노벨상으로는 가늠할 수 없는 큰스님의 차원 높은 과학법문을 볼 때 저절로 미소가 지어진다. 우주는 심안, 혜안, 법안, 불안으로서 지구의 땅속으로 행성으로 은하계로 통신하여 한마음으로 연구할 영역이다.

---

64) 대행선사(1999), 『허공을 걷는 길: 국내지원법회』, 2권, p. 529, (재)한마음선원.

제6부
태양계

> 엊그저께부터 이런 말을 하게 된 것은, 앞날을 기해서 연구하는 사람들이 아니어도 여러분이 앞으로 수십 번을, 수십억 년을 거쳐서라도 이러한 뜻을 알고 그래야만 되겠어서 이런 얘기를 하게 됐습니다.[65]

1970년대 후반기 무렵, 미국 NASA의 화성 탐사선 바이킹 1호가 화성의 생명체 존재 여부를 탐사하기 위하여 출발했다. 그 당시 과학계 주류가 되는 견해는 화성에 물이 없으며, 생명체가 존재한다고 하면 황당무계한 이야기로 받아들였다. 하지만 선사께서는 일찍이 1980년대에 하신 법문에서 "화성에 생명이 우글거린다."[66] 고 하셨는데, 지금은 화성 땅속에 생명체가 있을 가능성이 높으며, 있다면 미생물 형태로 존재하리라 짐작하고 있다. 또한 현재는 태양계 곳곳에 행성들뿐만 아니라 유로파, 엔셀라두스 등 많은 위성들에서도 물이 발견되어 생명체 발견 가능성이 높은 상태이다.

그러나 선사께서는 화성뿐만 아니라 태양계 내 행성 곳곳에서 생명체의 존재를 말씀하시고, 나아가 태양계 내의 발달된 문명 및 생명체, 비행접시 등을 언급하셨다. 선사의 이와 같은 말씀은 인터넷에 떠도는, 현대주류과학이 유사과학이라고 일컫는 자료들과 뒤섞여서 옥석을 가리기 힘들고, 선사의 법문이 유사과학이

---

65) 대행선사(1999), 『허공을 걷는 길: 일반법회』, 2권, p. 39, (재)한마음선원.
66) 대행선사(2010), 『한마음요전』, p. 480, (재)한마음선원.

라고 취급될 만하기도 하다. 이러거나 저러거나 –필자는 거듭 강조하여 온 바와 같이 큰스님 법문을 유력한 가설로 보고 접근할 것이다. 가능하면 현대과학의 이론과 실험을 참조하겠지만, 부득불 필자는 설레는 마음으로 큰스님 법문을 가설로 삼아서 그냥 전해지는 느낌으로 큰스님 태양계 법문을 인용 정리하겠다. 이는 무엇보다도 내 자신에게 정리하고자 함이고, 과학 연구하는 도반들이 큰스님 과학법문 정리를 참고하여 함께 연구해 주었으면 하는 바람 때문이다.

태양계 과학법문의 핵심은 스님의 자비심이다. 스님께서는 태양계 내에서의 태양과 지구의 구조 그리고 여러 발달된 문명을 가진 행성들을 소개하시지만, 목성·토성 등 행성에서 잠든 생명체를 깨울 때 그 생명체로 인한 해악이 지구에 미칠 가능성에 대해 조언을 하고 계신다. 즉 그 존재들은 참나의 작용으로 능력은 있지만 자비심이 없기에 무서운 도리가 있다고 하신다. 그러므로 우주개발을 위해서는 마음공부가 선행되어야 한다는 마음공부의 절실함을 강조하고 계신다. 지구를 사랑하는 선구자적인 자비심을 보여주신 것 아닌가? 주인공이 중심이다!

이번 태양계 법문연구에서는 먼저 태양의 에너지 생성반응 및 태양의 구조에 대한 큰스님 법문을 살펴보고, 다음으로 태양계 내 발달된 행성문명 및 생명체에 대한 큰스님 법문을 정리하도록 하겠다. 그리고 마지막으로, 지구의 외부구조(공기막) 및 텅 빈 지구의 내부구조에 대하여는 다음 장에서 따로 살펴보도록 하겠다.

1. 태양

1-1. 태양의 에너지 생성반응

태양은 핵융합 반응에 의해 에너지를 생성하는데, 양성자-양성자(p-p 연쇄 반응) 반응과 CNO 연쇄반응 두 가지 종류로 나눌 수 있다. 양성자-양성자 반응은 약 1,000만 도 이상에서 일어나며, CNO 연쇄반응은 약 2,000만 도 이상에서 일어난다. 주된 반응은 양성자-양성자(p-p 연쇄반응) 반응을 통해서인데, 수소원자 4개가 결합하여 헬륨원자를 형성하는 반응이다. 이 과정에서 큰스님께서 설명하신 바와 같이 반전자가 발생하며 양성자 2개, 중성자 2개가 결합하여 헬륨이 만들어진다.

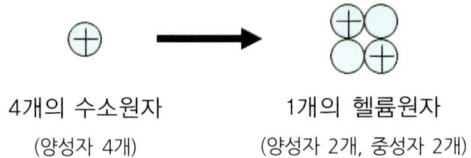

4개의 수소원자
(양성자 4개)

1개의 헬륨원자
(양성자 2개, 중성자 2개)

이 핵융합 반응 과정을 좀 더 자세히 살펴보면, 양성자-양성자(p-p 연쇄반응) 반응은 다음의 세 단계로 나누어진다. 이 반응과정 중 헬륨의 원자핵과 4개의 수소원자의 질량 차이(결손질량)에 해당하는 에너지는 광자(감마선), 반전자 그리고 중성미자(ν) 형태로 외부로 방출된다[24].

(1) $_1H^1 + {_1H^1} \longrightarrow {_1D^2} + e^+ + \nu$

(2) $_1D^2 + {_1H^1} \longrightarrow {_2He^3} + \gamma$

(3) $_2He^3 + {_2He^3} \longrightarrow {_2He^4} + 2{_1H^1} + \gamma$

여기서 γ는 광자, e^+는 반전자, ν는 중성미자이다. 중성미자는 지구를 뚫고 지나갈 정도로 투과력이 강해서 측정하기 매우 힘든 입자이다. 한때는 암흑물질의 강력한 후보로 거론되기도 하였다.

그리고 태양에서는 일부분은 CNO 연쇄반응이 일어나는데, 약 2,000만 도보다 높은 온도에서는 탄소를 촉매로 하여, 수소와 탄소·질소·산소(CNO) 사이의 상호작용에 의해 헬륨 원자핵이 생성된다. 마찬가지로 이 과정 중 결손질량은 빛에너지(γ선)로 방출된다. 태양보다 훨씬 무거운 별은 1억 도보다 높은 온도에서 헬륨보다 무거운 원자핵을 형성한다[4-9].

CNO 연쇄반응은 여섯 단계로 나눌 수 있는데, 탄소와 수소의 반응으로 시작하고, 질소(N)와 산소(O)의 동위원소를 생성하는 중간단계를 거쳐, 최종적으로 동일한 탄소원자와 헬륨을 방출한다. 즉 최종적으로 회수되는 탄소는 촉매작용을 한다고 할 수 있다[24].

(1) $_6C^{12} + {}_1H^1 \longrightarrow {}_7N^{13} + \gamma$

(2) $_7N^{13} \longrightarrow {}_6C^{13} + e^+ + \nu$

(3) $_6C^{13} + {}_1H^1 \longrightarrow {}_7N^{14} + \gamma$

(4) $_7N^{14} + {}_1H^1 \longrightarrow {}_8O^{15} + \gamma$

(5) $_8O^{15} \longrightarrow {}_7N^{15} + e^+ + \nu$

(6) $_7N^{15} + {}_1H^1 \longrightarrow {}_6C^{12} + {}_2He$

    태양 연구 초기에는 태양이 어떻게 약 45억 년 동안 불타고 있는지 미스터리였다. 물리학자 한스 베테(Hans Albrecht Bethe)는 핵융합 반응이라는 가설을 세워서 핵융합 반응식을 유도하고 논문을 발표하였다. 베테는 이 논문으로 노벨 물리학상을 수상하였다. 그런데 실험 물리학자들에 의하여 베테가 유도한 핵융합 반응식이 틀린 것이 판명되었다. 하지만 베테의 핵융합 반응이라는 가설은 옳았고 후속 물리학자들의 연구에 의하여 태양과 같은 별들은 핵융합 반응에 의하여 탄소, 금, 우라늄 등 원소를 만들어낸다는 것이 밝혀졌다. 그런데 대행선사는 아래에 인용한 법문에서 현대천체물리학에서 연구된 태양 속 핵융합 반응을 정확하게 기술하고 계시고 있다. 놀라운 일이다!

>   그래서 이 태양의 몸도 수만 배로 비대해진 동시에 중심이 가벼워서 타지도 않고, 차디찬 가스 덩어리에 중심을 향하는 중력으로 인해서 바깥에 있는 모든 것이 점점 내부로 뭉쳐 점차 작아지게 됨과 동시에 중심에는 1700만 도나 올라가 원자 들의 모습

이 바뀌게 됩니다.
　즉 말하자면, 원자가 달구어지다가 5000만 도에 오르게 되면 원자핵은 소립자로 분해되어 고온 속에서 작용을 함으로써 핵융합이 일어나고 가벼운 원자핵에서 무거운 원자핵으로 바뀌어진다는 뜻이지요. 즉 말하자면 양성자와 중성자가 융합이 되어서 한데 합쳐서 작용이 되면 두 원자는 보다 큰 원자로 바뀌고 반입자가 만나면 바로 제 질량이 없어지고, 에너지 덩어리가 되어서, 광자를 이룬다는 뜻입니다.[67)]

　위에서 설명한 양성자-양성자(p-p 연쇄반응) 반응과 CNO 연쇄반응과정에서, 양성자는 중성자와 반전자(반입자)로 나누어진다. 원자핵 밖에 존재하는 자유 중성자는 투과력이 높은 입자로, 베타붕괴를 하여 전자와 양성자로 나누어지는 불안정한 입자이다. 하지만 원자핵 내에 갇힌 중성자는 안정한데, 원자핵 내에서 양성자끼리 모여 있으면 전기적 반발력이 강하여 양성자끼리는 핵을 형성할 수 없다. 즉 핵 내에서 양성자와 중성자가 서로 뭉쳐서 핵력을 통해 원자핵을 형성한다.

　천체물리학에서 중성자별은 전자와 양성자가 모여 중성자가 되면서 생긴 별로, 밀도가 원자핵의 밀도에 이르기까지 수축한 별이다. 중성자별이 더욱 수축하여 붕괴하면 블랙홀이 형성된다. 스님께서는 방편으로써 중성자에 비유하여 마음도리를 설명하고 계시는데, 아래에 중성자와 관련된 큰스님 법문을 인용한다.

---

67) 대행선사(1999), 『허공을 걷는 길: 정기법회』, 2권, p. 525, (재)한마음선원.

지난번에 말씀드렸죠? 달세계나, 은하계나, 어떠한 태양계도 바로 둘이 아닌 까닭에 지금 현재에 양 개체가 합류화된다면 전자와 원자, 양자가 같이 혼합이 돼서 중성자가 된다면, 그 위력이 우주를 집어삼키고도 남음이 있는 위력이 생긴다 이겁니다.[68]

그러면 우리가 중도의 사상이라고 하는 거는 사 사, 이게 무와 유를, 사무 사유 이것을 한데 합쳐서 이끌고 돌아간다는 뜻입니다. 이끌고 돌아갈 수 있을 때에 비로소, 지금 시쳇말로 한다면 중성자라고, 중성자의 활동이라고 하지마는 우리 불가에서 말할 때는, 즉 무한의 중도 사상, 도력이라고 합니다. 이것이 도력이라고 한다면 벌써 그 안에 다 들어 있는 거라. 그래서 한 점의 마음에 있다 하는 것도 바로 중심입니다, 중심! 중심의 도력이 바로 화력을 넣어 주는 겁니다. 다. 거기에서 그대로 돌아가니 사무 사유를 한데 합쳐서 돌아가니까 이것은 어디에고 그 에너지가 아니 생길 수가 없고 어디에고 아니 닿는 데가 없는 거죠. 그러니 부처님 자리가 어디쯤 되겠습니까?[69]

1-2. 태양의 구조

지구의 내부구조를 지진파를 이용하여 연구하듯이, 태양도 태양 지진파를 이용하여 연구하는데, 이 분야를 태양지진학(Helioseismology)이라고 한다. 덧붙여 태양관측 망원경(SOHO) 등 장비를 이용하여 스펙트럼을 분석하고, 온도 · 밀도 · 태양의 자전

---

[68] 대행선사(1999), 『허공을 걷는 길: 정기법회』, 2권, p. 113, (재)한마선원.
[69] 대행선사(1999), 『허공을 걷는 길: 일반법회』, 2권, p. 388, (재)한마음선원.

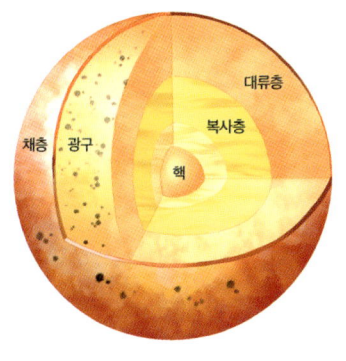 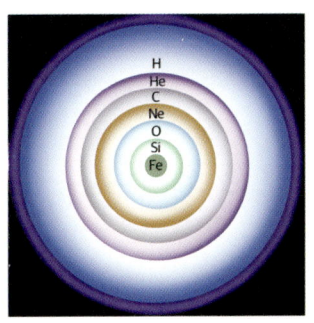

〈그림 7-1〉 태양의 구조   〈그림 7-2〉 태양보다 무거운 별들의 양파껍질 구조

등을 연구한다. 〈그림 7-1〉은 현대천체물리학에서 연구된 태양의 구조를 보여준다. 이전에 별의 진화에서 설명한 바와 같이, 태양보다 훨씬 무거운 별은 헬륨과 헬륨의 융합반응을 통하여 무거운 원자핵인 탄소·네온·마그네슘·나트륨 등을 형성한다. 최종적으로는 별의 중심부에 가장 안정된 원소인 철이 생성된다. 〈그림 7-2〉는 이와 같은 양파 구조를 보여준다[5]. 태양은 내부로 당기는 중력과 외부로 밀어내는 기체압이 균형을 취하여 안정된 상태에 있다. 향후 50억 년 후 외부로 향한 기체압이 강해져 적색거성이 될 때까지는 안정하리라 예상된다.

태양의 구조는 〈그림 7-1〉에서 보는 바와 같이 핵, 복사층, 대류층, 광구, 채층, 코로나(corona, 광환)로 나눌 수 있다. 태양핵의 중심부는 헬륨, 태양핵의 외각껍질은 수소로 구성되어 있다[4-9]. 앞에서 설명한 바와 같이 핵융합은 태양의 중심부에 있는 핵에서 일어나는데 온도는 약 1,500만 도이다. 복사층은 복사에

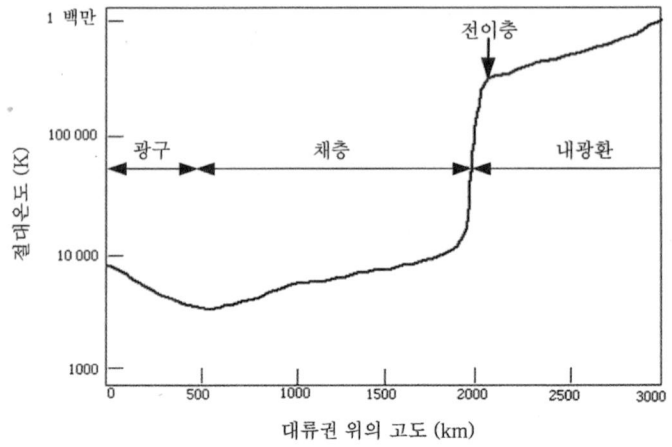

〈그림 7-3〉 대류권 위의 고도 변화에 따른 광구, 채층, 코로나(광환)의 온도 변화   출처: 김형진(2004), 『빛과 우주』, 화산문화.

의해서 빛에너지를 전달하는데, 이온화된 수소 플라즈마로 구성되어 있다. 연구자들에 의하면 태양 중심에서 발생한 빛(감마선)은 복사층에서 수소 플라즈마와의 충돌로 흡수되거나 산란됨에 따라, 속도가 느려져서 태양 표면까지 도착하는 데 수백만 년이 걸린다고 한다.

복사층 바깥에서는 가스가 상하로 대류하면서 빛에너지를 태양 표면으로 전달하는 대류층이 있다. 〈그림 7-1〉에서 나타낸 대류층은 깊이에 따라 규모가 다른 크기의 계층구조를 가지고 있는데, 뜨거운 태양 가스는 바깥쪽으로 움직이고 차가운 가스는 아래로 가라앉는 과정을 거쳐 태양 표면으로 에너지가 전달된다.

태양 천문학자들은 대류층 바깥에 있는 태양대기를 온도 분포에 따라 광구, 채층, 코로나 3개의 대기층으로 분류한다[5, 6, 8]. 우리가 지구에서 보는 태양 표면은 광구이며 밖으로 채층, 코로나가 이어진다. 태양 표면 온도는 약 6,000도이며 태양의 바깥쪽 채층을 지나감에 따라 온도가 1만 도로 높아지다가 태양의 최외각 대기층 코로나에 이르러서는 온도가 무려 100만 도 이상이 된다. 〈그림 7-3〉은 태양의 대기에서 높이에 따른 온도 변화를 보여준다. 코로나의 온도가 이렇게 높다는 것은 놀라운 일인데, 아직 몇 가지 가설만 제시된 상태이며 태양의 최대 수수께끼 중 하나이다.

태양은 태양계 전체 질량의 99.85%로 대부분을 차지하는데 비해 태양계 각 운동량은 행성들이 97%를 차지한다. 태양계 형성모형 중에서 유력한 가설은 성운원반 모형이다[5,6]. 이 모델에 따르면 성간 기체와 먼지 등이 원반 형태로 회전하면서 중력에 의해 중심으로 모임에 따라서 온도가 높아져 태양을 형성한다는 것이다. 그리고 태양 주변에서 회전하는 원반으로부터 원시행성이 생성된다는 것이다. 그러므로 중심 부분에 해당하는 태양계의 대부분의 질량을 차지하는 태양이 당연히 대부분의 각운동량(~회전에너지)을 차지해야 함에도 불구하고, 태양계 행성들이 대부분의 각운동량(회전에너지)을 차지한다! 천체물리학 교과서에는 이 모순되는 사실을 미해결의 난제로 설명하고 있다[24]. 즉 학계의 연구에 의하면 태양계는 성운원반 이론에 따라 수축하는 과정에서 각운동량을 상당히 잃어버린 듯한데, 몇 가지 가설은 나와 있지만 아직 받아들여지는 정설이 없는 상태이다[3]. 큰스님께서는 "태양은 나중에 생겼다."고 하신 적이 있는데, 만약에 태양과 행성들의 형성

기원이 각각 독립적이라면 태양계의 각운동량 문제는 이해가 가능한 부분이다. 예를 들어 목성·토성·해왕성·천왕성과 같은 가스형 행성들과 수성·금성·지구·화성과 같은 암석형 행성들이 구성성분이나 물리적 성질 면에서 완전히 다르다는 것은 형성 기원이 다르다는 것을 암시한다.

우리가 태양의 문제를 볼 때에 거기에도 오장육부가 있고 삼계(三界)의 뜻을 가지고서 우리는 활력성 있게 활용을 하고 있습니다. 그럼으로써 태양의 그 근본 자체가, 그 중심이 삼각으로 원형을 이루었다는 뜻입니다. 태양은 근본적으로 그 안을 본다면은 차게 돼 있습니다. 우리가 불덩이 같으니까 모든 것이 근본적으로 불덩어린 줄 아시는데, 그렇게 아실 수도 있겠죠. 그러나 속의 찬 게 없으면은 더운 것이 바깥으로 나올 수가 없습니다. 또 안이 뜨겁다면 바로 바깥으로 찬 게 없습니다. 여러분은 정맥동맥이 오르락내리락한다는 사실을 여러분 몸을 통해서 다 아시리라고 믿습니다.70)

그래서 한 개가 뚱그렇게 있다면은 양면으로 다 자극을 줍니다. 자극을 주는 작업을 합니다. 그래서 접착풀이라고 얘기했죠? 접착풀 같은 물을 자아냅니다. 그러나 그것은 뜨거운 물은 아닙니다. 찹니다. 그것을 자아내는 반면에 한 계단이 있으면은 거기엔 유리막 같은 거, 즉 말하자면은 유리막 같은 것이 돌면서 바로 그 물을 바깥으로 내놓습니다. 그리고 그것을 끼고 도는 망사 같은 게 있습니다. 그럼으로써 그 물을 망사로 내보내는데 그 망사는 쇠입니다. 쇠망입니다, 금속 쇠망. 내보냄으로써 거기에

서 그 물로 증기를 일으켜서 바깥으로 화력을 내보내는 역할을 맡아서 합니다.[71]

여섯 계단이 있습니다. 계단 없는 여섯 계단이 있어서 내보내는데 하나는 잡아당깁니다. 그렇게 바깥으로 내보내는 바깥 껍데기가 세 껍데기가 있는가 하면 안 껍데기가 여섯 껍데기라고 볼 수 있겠습니다. 아주 알른알른한 막 또는 망 같은 문제. 자아내는 그 자체는 세 계단이 되기까지는 찹니다. 그러나 네 계단째 돼서는 뜨거운 것을 자극해서 바깥으로 화기가 일어납니다. 일어나면은 안으로 들여보내지 않는 작업을 안쪽에서는 하고 하의 바깥 껍데기에서는 바깥으로 잡아당기는 역할을 합니다. 그럼으로써 여기에서는 불길이, 즉 말하자면 뜨거운 김이 나가는 걸 바깥 계단 쪽에서는 잡아당기면서 가운데서는 조절을 합니다. 바깥으로 내보내는 조절을 하면은 바깥 껍데기에서는 그걸 정돈합니다. 이렇게 해서 화력이 바깥으로, 이것이 만약에 이렇게 정돈이 되지 않았다면 터지고 맙니다.[72]

위에서 인용한 법문에서, 큰스님께서는 태양 내부가 차갑다고 하시고 "찬 것이 있어야 바깥쪽으로 더운 것이 나온다."라고 하셨는데, 천체물리학 관점에서 본다면 열역학 제2법칙에 의하여 뜨거운 태양 중심에서 바깥쪽으로 나옴에 따라 온도가 낮아지는 것이 당연한 현상이다. 그럼에도 불구하고 스님께서는 "태양 내부가 차갑다."고 하셨는데, 이 '차가움'을 필자는 '태양 중심이 얼음처럼

---

70) 대행선사(1999), 『허공을 걷는 길: 정기법회』, 1권, p. 145, (재)한마음선원.
71) 대행선사(1999), 『허공을 걷는 길: 정기법회』, 3권, p. 146, (재)한마음선원.
72) 대행선사(1999), 『허공을 걷는 길: 정기법회』, 3권, p. 146, (재)한마음선원.

절대적으로 차가운 것'이라고 이해하고 있다. 하지만 주위 환경에 비해 상대적으로 차갑다고 하는 의미로 재해석해 본다면, 〈그림 7-3〉에서 보는 바와 같이 태양대기가 약 6,000도의 상대적으로 차가운 태양 표면 광구에 출발하여 바깥쪽 100만 도라는 뜨거운 상태에 있는 코로나(광환)에 이르는 이 현상은 중심이 차가운 곳에서 뜨거운 곳으로 연결되는 현상의 한 예로 보이기도 한다.

스님께서 표현한 태양의 6단계 구조 중에서 안쪽에 있는 세 개의 껍데기는 태양의 내핵, 외핵, 복사권으로 대략적으로 대응시켜 볼 수 있다. 그리고 태양 내부에 대한 천체물리학 연구에 의하면, 〈그림 7-1〉에서 보는 바와 같이 타코선(tacholine)은 복사권과 대류권의 경계를 말한다. 그리고 〈그림 7-4〉에서 보는 바와 같

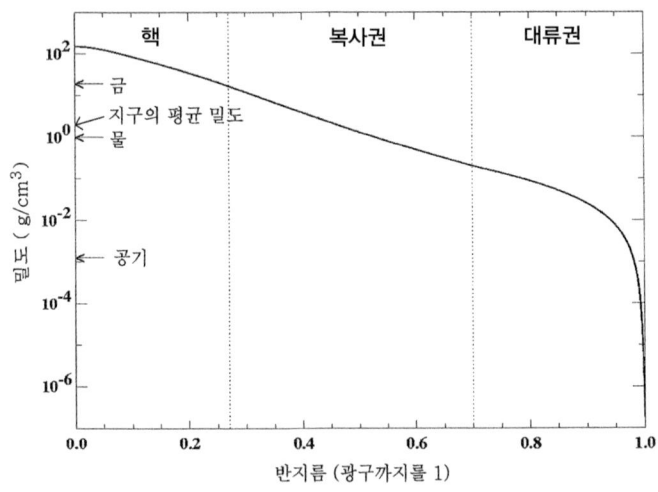

〈그림 7-4〉 태양 내부의 밀도 변화

출처: 김형진(2004), 『빛과 우주』, 화산문화.

이 복사권 상층부와 타코선에 이르는 영역은 물의 밀도의 약 0.1~1에 이르는 범위의 값을 가지고 있다[5].

타코선에서는 복사현상보다 액체의 성질에서 일어나는 대류현상이 일어난다. 그리고 태양의 자기장은 타코선에서 발생된다고 여겨진다. 이 자기장은 태양의 광구와 대기권으로 이어지는데, 흑점(黑點)은 태양의 광구에 존재하는 영역으로 강력한 자기장이 있는 영역이다. 강한 자기장의 영향으로 에너지를 전달하는 대류가 방해받기 때문에, 약 6,000℃인 광구에 비해 상대적으로 낮은 표면 온도(약 4,000℃)를 지니고 어둡게 보이게 된다[4-9,23].

그러므로 기존 천체물리학의 태양의 밀도, 흑점 연구를 참고하여 볼 때, 큰스님께서 비유로 설명한 '접착풀 같은 뜨거운 물은 아닌 차가운 계단'에 해당하는 영역은 액체와 자기적 성질을 가지고 있는 타코선일 가능성이 있다고 생각되는데, 타코선에 대한 연구가 필요하다고 생각된다. 위에서 인용한 선사의 법문을 토대로 태양 연구를 위한 선행 작업으로 대략적인 큰 그림을 그려본다. 타코선에 대한 기존연구를 바탕으로, 선사가 설명한 여섯 계단 중에서 비유를 들어서 표현한 물(액체)·유리막·쇠망을 각각 타코선·대류권(계층구조)·광구(쌀알 무늬를 띠고 있는 태양 표면) 순으로 대응시켜 볼 수는 있겠다. 그리고 바깥쪽으로 나가는 화력은 태양 대기권(채층, 코로나)에서 일어나는 고리(loop) 모양으로 뒤틀린 자기장으로부터 발생하는 자기에너지와 태양플레어 활동 등과 대략적으로 연관시켜 볼 수 있다. 하지만 이것은 앞으로 수정이 필요한 거칠게 제시한 모델이며, 대행선사의 법문 '태양의 내부가 차갑다'를 유력한 가설로 삼아 해당하는 영역을 찾아서 탐구하는 것이 태양 연구의 핵심이다.

덧붙여 필자가 2021년 '제6회 한마음과학 학술대회'에서 발표한 논문에 있는 '텅 빈 지구의 내부구조'와 유사하게 태양도 텅 빈 구조를 가지고 있다. 그리고 큰스님께서 설법하신 바와 같이, 지구의 내부구조에서 남북으로 통로가 그리고 남극 옆에 또 다른 통로가 나 있는 것도 참조할 점이다. 〈그림 7-1〉 그리고 〈그림 7-5〉에서 보이는 바와 같이 지구와 태양은 유사한 텅 빈 구조를 가지고 있다. 여기서 지구의 외핵(텅 빈 공간)과 태양의 복사층은 비어 있는 부분으로 서로 대응되는 부분이다. 다만 2021년 제6회 한마음과학 학술대회에서 필자가 발표한 논문에 따르면, 지구내부의 외핵에 해당하는 텅 빈 부분은 기체로 채워져 있는 반면에, 태양의 복사층은 기체 입자가 전하를 띤 플라즈마 상태에 있다. 스님께서는 "우리가 내 몸 하나 가지고 지금 모두 연구하고 마음공부 해 나가면서 알아보면 내 몸이 지구와도 같고 우주와도 같은 거죠."[73]라고 법문을 해주셨는데, 〈그림 7-5〉에서 보는 바와 같이 텅 빈 지구 구조는 우리 인체와 유사하게 먹고, 배설하고, 분비물이 나가는 통로 그리고 위장·대장·소장이 있어 소통되는 구조를 가지고 있다.

---

73) 대행선사(1999), 『허공을 걷는 길: 국외지원법회』, 3권, p. 1725, (재)한마음선원.

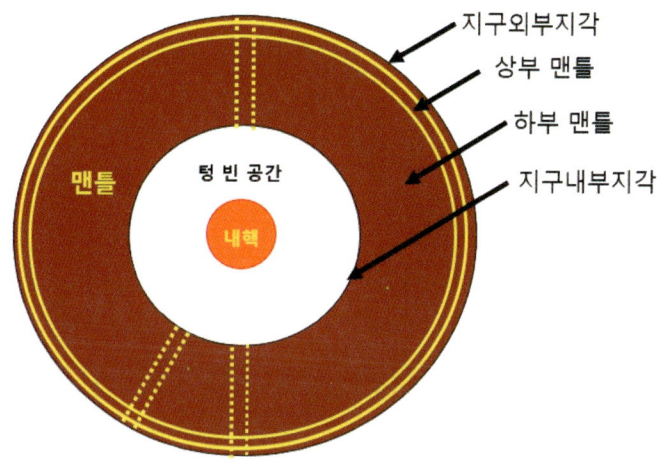

〈그림 7-5〉 텅 빈 지구의 구조

지구 표면으로부터의 깊이
지구 반지름: 6,371km
지각: 5~60km
상부 맨틀: 60km~410km
전이층: 410km~660km
하부 맨틀: 660km~2,900km
외핵: 2,900km~5,100km
내핵: 5,100km~6,371km

2. 태양계 행성들 및 생명체

> 그러니 그렇게 수억만 명을 만들어서, 이 우주를 덮게끔 할 수도 있어. 지금 모습 없는 모습들이 각 혹성에서도 바라고 있으니까! 모습 있는 생명들도 많지만, 모습 없는 생명들이 얼마나 많은지 아마 헤아릴 수가 없을 거예요. 그거 헤아릴 수 없을 거예요, 아마. 그것이 다 친구라면, 무서울 게 뭐 있고 두려울 게 뭐 있겠습니까?[74]

2-1. 생명의 기원과 진화

러시아 과학자 오파린의 생명기원설에 따르면, 지구의 원시대기는 환원성의 기체(CH_4, NH_3, H_2O, H_2)로 구성되어 있고, 에너지가 풍부한 환경(번개, 열, 지진)이었다. 이 환경으로부터 생명체의 구성성분인 유기물이 생겨났다는 것이다. 〈그림 7-6〉은 아미노산과 단백질의 구조를 보여준다. 단백질은 생명체의 출발이 되는 고분자 유기물인데, 아미노산을 기본단위(building block)로 하여 펩티드 결합을 하여 한 줄로 연결된 것이 단백질이다. 화학에서 이 펩티드 결합은 사슬을 끊어 내기가 매우 힘든 강력한 화학결합이다.

---

[74] 대행선사(1999), 『허공을 걷는 길: 정기법회』, 1권, p. 308, (재)한마음선원.

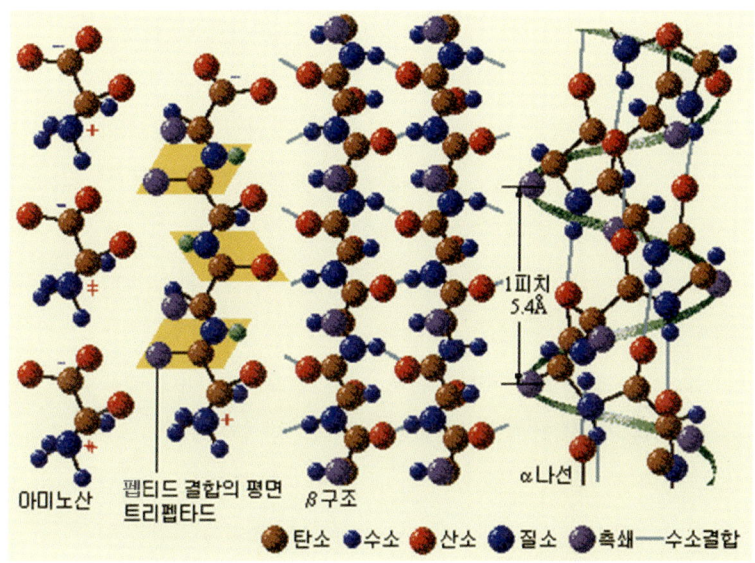

〈그림 7-6〉 단백질의 구조

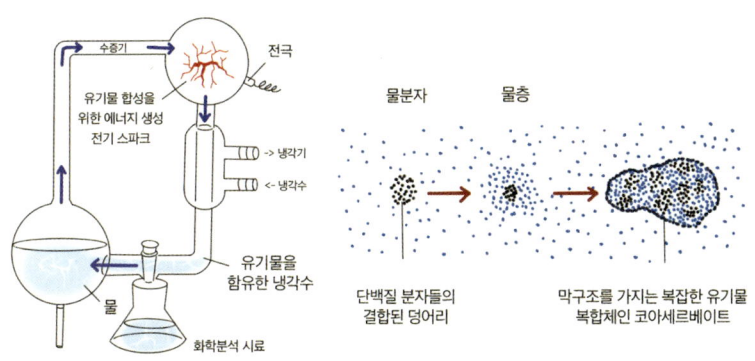

〈그림 7-7〉 원시지구 대기 조건에서의 유기물 합성과 코아세르베이트

오파린 가설을 기반으로 미국의 밀러는 〈그림 7-7〉에서 보는 바와 같이, 원시지구 대기 조건에 맞는 환경을 만들어 실험한 결

과, 유기물인 아미노산이 합성되는 것을 발견하였다. 이 밀러 실험은 원시대기에서는 화산폭발로 이산화탄소가 존재했다는 점을 미루어볼 때 반박의 여지가 있다[3]. 하지만 자연 상태에서 복잡한 구조를 가진 유기물 아미노산을 합성했다는 점에서 큰 의미를 부여할 수 있다. 밀러의 실험 이후 후안 오로(Joan Oro), 존 서덜랜드(John Sutherland) 등 많은 생화학자들은 비슷한 환경에서 RNA와 DNA형성 물질인 핵염기, 뉴클레오티드를 합성하였다[3]. 그리고 〈그림 7-7〉에서 보는 바와 같이, 단백질로부터 유기물복합체(코아세르베이트) 단계를 거쳐 광합성을 하는 생명체가 탄생하여 산소(O_2)가 생성되고, 산소를 호흡하는 생명체가 지구에서 나타났다는 것이 지구 생명 대략 35억 년의 역사이다.

지구탄생	생명탄생	진핵세포	다세포	육지상륙	공룡시대	빙하기	인류탄생
46억 년	35억 년	21억 년	12억 년	4억 년	2.5~0.65억 년	250만 년	수백만 년

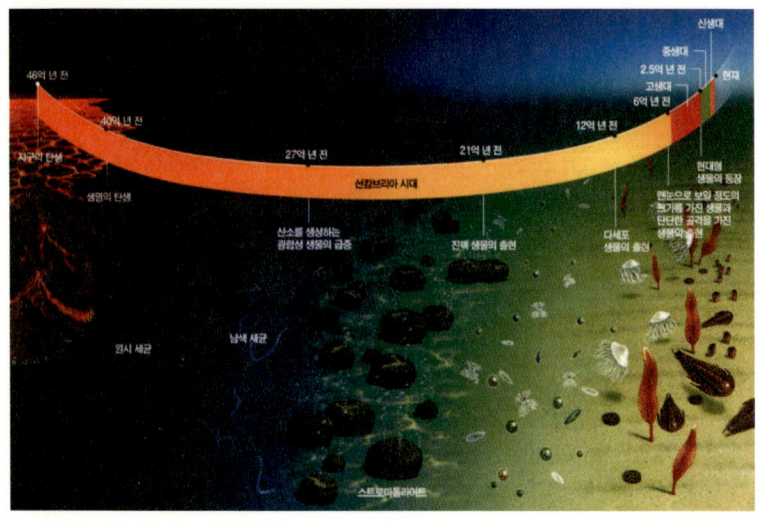

〈그림 7-8〉 지구 생명의 역사

〈그림 7-8〉에서 보는 바와 같이, 지구 탄생 후 45억 년의 역사 중에서, 생명의 진화 과정 초기 단계로 분류되는 선캄브리아 시대를 통해 약 35억 년 전 생명이 탄생하고, 광합성을 통해 산소를 만드는 남조류(시아노박테리아)가 나타나면서 지구 대기에 그전에 없던 산소가 풍부하게 된다. 남조류가 석회화되어 굳은 화석인 스트로마톨라이트(stromatolite)는 호주에서 많이 발견되는데, 이 남조류는 지구 생명 역사에 중요한 열쇠가 되는 역할을 하고 있다. 그리고 이와 같은 미생물이 등장한 길고 긴 선캄브리아 시대를 지나, 약 5억 년 전 고생대가 시작되면서 생명체가 폭발하게 된다. 이 시대 동안 곤충류 · 양서류 · 파충류 등이 등장하고, 이후 중생대 공룡의 시대 (2억 5천만 년 전~6천 5백만 년 전), 신생대 4기에 들어서면서 현재의 '나'라는 정체성에 대해서 탐구하는 고등동물 인간의 시대로 이르게 되었다. 다음에 이와 관련 있는 큰스님 법문을 인용한다.

> 왜 이렇게 우리들의 몸 속에 여러 모습들이 들어 있는가? 그것이 곧바로 모두 자기입니다. 이런 것을 한번 생각해 보십시오. 이 지구가 생긴 이래로 역사를 볼 때에 미생물의 시대가 있었고, 곤충의 시대가 있었고, 그 뒤에는 수많은 공룡시대도 있었죠. 우리 사람이 나기 이전에 미리미리들 그렇게 진화되어서 올라오기 위한 수련으로 수많은 모습으로 바꿔가면서 시대를 따라서 이렇게 인간까지 온 것이 바로 정신 수행입니다.[75]

스님께서 〈그림 7-8〉과 같은 내용의 생명의 진화역사에 대해

---

75) 대행선사(1999), 『허공을 걷는 길: 정기법회』, 2권, p. 494.

서 설명하시면서, "내가 왜 잘 아느냐 하면 그때 거기에 나도 있었지."라고 하신 적이 있습니다. 우리와 아픔을 같이하면서 뒹굴면서 우리와 함께 공부해 왔다는 말씀이신데, 상세계 외계인이라는 말보다 진하게 가슴에 와 닿지 않습니까? 그러므로 그런 면에서 보면, 〈그림 7-8〉에서 보는 지구 45억 년의 역사는 예전에 수많은 사연으로 뒹굴던 우리 모습이 아닐까요?

'생명의 기원과 인간으로의 진화법문'[76)]에서의 대행선사 법문 내용을 요약하면, "처음에 생물들은 몸에 뼈가 없이 지내다가, 뼈가 생기면서 진화하고, 물에서 땅으로 나오기도 했고, 산소호흡을 하게 되었다.(그림 7-8 참조) 이 당시 생물들은 수명이 길었고 공기 중에 산소가 많았다. 이 생물들은 우리의 옛 친구들이다. 그리고 지구 자체가 생명이 있다. 이 당시 땅은 평평한 들이 대부분이었는데 후에 산이 생겼다. 나아가 우리가 우주개발을 하더라도 우리가 지구에서 힘들게 고생하면서 보낸 점을 상기하면서, 다른 혹성의 생명체를 돌보아 주어야 한다."라고 정리할 수 있다.

위에서 정리한 법문에서, 선사는 지구를 포함한 우주의 모든 만물만생을 껴안는 '요익중생'의 보살심을 보여주고 계신다. '우리가 누구인지, 어디서 왔다가 어디로 가는지'를 생각하게 하는 법문이다. 위에서 정리한 법문을 과학적 관점에서 살펴보면, 첫째 베게너의 대륙이동설에 의하면 지구의 대륙은 약 3억 년 전 고생대 말기에 팡게아 대륙이라 불리는 하나의 대륙으로 합쳐 있었

---

76) 대행선사(1999), 『허공을 걷는 길: 일반법회』, 2권, pp. 419-434, (재)한마음선원.

다. 처음에는 평평했던 대륙이 분열하고 이동함에 따라 대륙들이 여러 조각으로 나누어지고, 혹은 다시 합치는 과정을 거치면서 히말라야산맥 같은 산맥들이 생겨났다. 그리고 지구과학연구에 의하면 이 당시 지구는 산소가 풍부한 환경이었다. 덧붙여 스님께서는 기존 고생물학에서 연구된 물에서 땅으로 이동하여 가는 생명의 진화 과정을 설명하고 계신다.

분자를 이루는 원자수	무기분자	유기분자
2	H_2	CH
	OH	CN
	SiO	CO
	NS	CS
3	H_2O	HCN
	H_2S	HCO
	SO_2	HNO
4	NH_3	H_2CO
		HNCO
5		H_2CHN
		HCOOH
6		CH_3OH
		$HCONH_2$
7		CH_3NH_2
8		$HCOOCH_3$
9		$(CH_3)_2O$

(1) 지구 기원설: 소련의 생화학자 오파린 가설에 근거
(2) 외래 도래설: 우주공간(성운)에서 유기물 존재
  - 아미노산 형성: 시아노아세틸렌(HC_3N), 아세트알데하이드(CH_3CHO)
  - 생명체 조직보존: H_2CO
  - 2002년에 아미노산의 일종인 글리신을 발견했다는 학계의 보고

〈도표-1〉 우주공간에 산재하여 있는 유기물

생명의 기원에 대해서는 지구 기원설뿐만 아니라 외래 도래설이 있는데, 이는 우주공간 곳곳에 산재해 있는 물, 유기물 관측자료를 토대로 혜성, 운석 등을 통하여 지구로 생명체가 유입되었다는 설이다. 하지만 이 가설 또한 아미노산 등 유기물이 우주공간에서 어떻게 합성되었는지에 대한 설명이 필요하기에, 생명의 기원에 대한 의문의 출발점으로 돌아오게 된다. 〈도표-1〉은 우주공간에 퍼져 있는 유기물들을 보여준다.

지금까지 생명체의 육체를 형성하는 기본 구성요소인 단백질에 대하여 알아보았다. 즉, 무기물로부터 복잡한 구조를 가지는 고분자인 유기물이 생성되는 과정을 살펴보았다. 하지만 육체라는 물질(유기물)에 생명을 불어넣는 것은 어떤 작용에 의해서인가? 이 문제가 현대 생명기원에 대한 화두이다. 내가 초록을 볼 때의 색깔과 똑같이 다른 사람들도 초록을 보고 느끼는 것일까? 내가 힘들 때는 하늘이 노랗게 보이는데 다른 사람들도 똑같이 느끼는 것일까? 색수상행식 —즉 생각하고 감정, 오감을 느끼는 것— 을 과학자들은 뇌에 대한 연구 등을 통해 전자기 현상으로 보기도 한다.

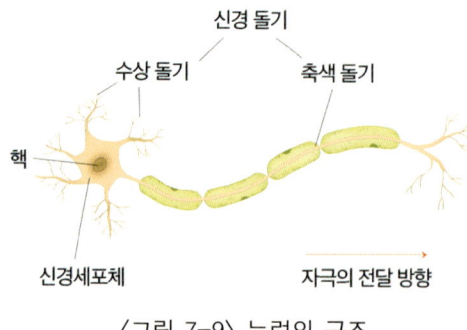

〈그림 7-9〉 뉴런의 구조

뇌 과학자들의 연구에 따르면 뇌를 구성하는 기본단위는 뉴런이라는 신경세포인데, 뇌 속에는 약 1,000억 개의 뉴런이 있다. 〈그림

7-9〉에서 보는 바와 같이 뉴런은 세포체, 축색, 수상돌기 세 부분으로 나누어진다.

스페인의 과학자 산티아고 라몬 이 카할(Santiago Ramon Y Cajal)은 뉴런은 독립적인 개체라고 주장하였는데, 전자현미경 등을 이용한 연구에 의하면 독립적인 뉴런은 수상돌기와 축색을 통하여 다른 뉴런과 서로 정보를 받고 전달한다. 세포체에서 길게 뻗어 있는 축색은 전기적 신호를 전달하는데, 축색의 끝부분을 시냅스라고 한다. 시냅스와 연결되는 다른 뉴런 사이에는 미세한 틈(1/50μm)이 있는데, 이 틈 사이에 화학물질이 방출되어 신호전달 역할을 한다. 즉 각각의 뉴런 사이에는 전기적 신호, 화학적 신호에 의하여 정보가 전달되며, 뉴런 사이의 그물구조에 의하여 뇌가 정보를 처리한다.

신경과학자들이 이와 같은 뇌의 구조와 기능을 마음과 연결시켜 해석하지만, 뇌 과학자들이 말하는 마음은 찰나의 작용인 현상계에서의 '색수상행식'을 뜻한다. 즉 '색수상행식'(생각, 감정, 오감)은 인간 각자가 가지고 있는 탐지기이다. 그러면 그 탐지기를 작동시키는 것은 무엇의 작용인가? 생각나기 이전 자리, 주인공이다. 예를 들어, 눈을 통해 들어온 2차원 데이터를 3차원 입체 이미지로 바꾼다든지, 오감으로 탐지한 정보를 뇌가 최종적으로 처리하여 그 정보를 알아차린다 할지라도 ―정보전달 과정에서 화학물질 혹은 전기적 자극이 관여하든지 간에― 우리가 가지고 있는 탐지기(색수상행식)인 현상계 에고(ego)의 '색수상행식' 중에서 '식(알아차림)'이다. 생명체

우주 이야기   125

의 삶과 죽음. 이 답을 현상계에서 찾을 수는 없다. 즉 현상계는 주인공의 작용이므로 '절대계의 식(순수한 알아차림, 존재감)'—空寂靈知(주인공, 텅 비어 있으면서 신령하게 알아차리는 주인)— 자리에서 시작해야 할 것이다. 큰스님께서도 말씀하셨듯이 '만법은 하나로 돌아가고, 그 하나에서 나와서 활용이 되니'77) 주인공이 중심이다!

> 불교를 배운다고 하는 것은 먼저 내가 누구인지를 밝히는 것이고, 나를 밝히는 것은 나의 근본으로 돌아가는 것이다. 우리가 '나'라고 생각해 온 '나'가 아닌 '참나'에 귀의하는 것이다. 지금까지 '나'라고 믿어 온 그 '나'를 잊을 때 있는 그대로의 존재인 '참나'는 드러난다. 78)

위에서 인용한 법문에서 대행선사는 현상계 에고(ego)를 내려놓고(판단중지), 내면에서 느껴지는 '존재감'에 회광반조(回光返照)로서 지켜보며 몰입할 때 드러나는, 있는 그대로의 '존재'인 '참나'(주인공)를 설법하고 있다.79) 다시 말하면, 에고(색수상행식)를 그냥 지금 이 자리에서 주인공을 믿고 맡기고 지켜볼 때 느껴져 오는 단 1%, 1초라 할지라도 알아차리는 '존재감'이 '참나'이다.

— 누가 하는가요(우리를 살게 하는 당신) —

---

77) 대행선사(1999), 『허공을 걷는 길: 일반법회』, 1권, p. 606, (재)한마음선원.
78) 대행선사(2010), 『한마음요전』, p. 300, (재)한마음선원.
79) "관법은 누구나 앉으나, 내가 좀 앉아서 참구해보겠다 하고 앉았으면 '주인공, 당신만이 당신이 있다는 것을 증명할 수 있어.' 하는 겁니다. 그게 관법입니다." 대행선사(1999), 『허공을 걷는 길: 정기법회』, 3권, p. 21, (재)한마음선원.

그 누가 있어 우리가 볼 수 있게 하는가요
그 누가 있어 우리가 들을 수 있게 하는가요
그 누가 있어 우리가 말할 수 있게 하는가요
그 누가 있어 우리가 살아갈 수 있게 하는가요
지켜 보고 지켜 보고 또 지켜 보세
지켜 보는 당신이 바로 '참나'이라네

눈이 있어 본다 하지만 과연 그런가요
귀가 있어 듣는다 하지만 과연 그런가요
입이 있어 말한다 하지만 과연 그런가요
육신이 있어 산다 하지만 과연 그런가요
지켜 보고 지켜 보고 또 지켜 보세
지켜 보는 당신이 바로 '참나'이라네

 같은 맥락으로 대행선사는 위에서 인용한 선법가, '누가 하는가요'에서 '보고, 듣고, 말하고, 살아가게 하는 것이 누구인지 지켜보는 당신이 바로 참나'라고 설하고 있다. 즉 에고의 '식'(알아차림)을 망상, 알음알이라고 하면서 끊어야 할 대상으로 보는 것이 아니라, 에고의 '식'(알아차림)이 있기에 '참나'(순수한 알아차림)도 발견할 수 있는 것이며(我空), 보고 듣고 말하는 대상을 내려놓고 내면을 향하여 '누가 하는지 지켜보는 당신'(回光返照)이 바로 '참나'와 둘이 아닌 하나인 것이다. 달리 표현한다면 '참나가 드러난 상태'라고 할 수 있다. 선불교 선사들께서 비유로 잘 드시는 거울을 예를 들어서 부연 설명한다면, 대상이 비추어지지 않을지라도 거울 자체는 비추는 본성을 가지고 있는 '순수한 알아차림'이다. 만일 거울에 대상이 비추어진다면, 그 대상을 비추는 것은 '색수상행식' 중 식(알아차림)이라 할 수 있다.(역으로 비추어지는 대상을 치워 버리면 '순수한 알아차림'은 드러난다. 이것이 에고의 수행 관점에서 본 명상의 기본 원리이다.) 하지만 대상을 비추는 에고의 식(알아차림)은 거울 자체가 비추는 본성(순수한 알아차림)이 있기에, 거기에서 나왔으니 둘이 아니라고 할 수 있다. 그러므로 선문답을 포함하여 망상, 알음알이가 있으니까 성불할 수 있다는 선사들의 설법은 이와 같은 관점과 맥을 같이 하고 있다.

따라서 '참나'의 관점에서 본다면 에고는 '참나'의 작용(法空)이라고 할 수 있다. 그리고 참나(주인공)가 발현되었다면 공에 머물지 않고 나아가, 참나(주인공) 관점에서 세상(현상계)을 살펴보고 만법을 참나(주인공)에 들이고 내면서, 육바라밀(공생·공심·공용·공체·공식)로 운영하면서 끝 간 데 없는 보살도의 길을 가는 것이 매우 중요한 단계이다.(俱空) 대행선사는 한 번 죽기가 어렵다 했으나, 두 번 죽기가 더 어렵고 세 번 죽기가 더 어렵다고 설법하였는데, 아래에 선사 법문을 인용한다.

> 참선이라는 이 자체는 바로, 아까도 얘기했죠. 첫째, 주인공만이 주인공이 있다는 증명을 해 줄 수 있는 거다. 둘째, 증명을 해 줌으로써 둘이 아니게 돌아감을 알게 할 수 있을 것이다, 들이고 내는 그 능한 도리를 알게 해 줄 것이다 이겁니다. 바로 그렇게 둘이 아니게 돌아가는 그것을 아는 까닭에, 세번째는 바

로, 둘이 아니게 이 모든 일체 생명과 더불어 같이 나툰다고 하는 도리가 바로 거기에서 이루어진다.80)

위 법문에서 세 번째 단계는 선사는 '일체 생명과 더불어 나투는 단계'라고 표현하시는데, 아래에 인용한 대담집에서 "이 세 번째 단계에서의 보살의 상태는 어떤 것인지요?"라는 질문에 대하여 "그냥 존재할 뿐이야."라고 답변하시고 있다.

오직 참만을 보고 참만을 살지. 앞뒤가 끊어져 있어. 아무런 여한도 미련도 없고, 아무런 바램도 없어. 그냥 존재할 뿐이야. 언제 어느 때나 이 세계의 수많은 중생, 보살, 부처와 한몸 한마음이지. 풀 한 포기 지렁이 한 마리까지도.81)…

보조지눌 스님은 '수심결'에서 이와 같은 맥락으로 '돈오점수'를 강조하였다. 즉, 우리가 일상생활 속에서 항상 만나왔음에도 불구하고, 알아보지 못했던 존재인 '참나' 발견(견성) 후의 믿음이 진정한 믿음이고 공부 시작이라고 할 수 있다. 대행선사의 설법에 의하면, 견성은 애를 낳은 것과 같으니 애가 성장해야 할 뿐만 아니라, 만약에 애를 낳아 가지고도 애가 성군이 될 수도 있고 깡패가 될 수도 있는 것이기 때문에, 이 탄생한 애를 잘 길러 나가야 한다는 것이다.82) 홍익학당 윤홍식 대표는 이와 같은 돈오점

---

80) 대행선사(1999), 『허공을 걷는 길: 법형제회법회』, 1권, p. 78, (재)한마음선원.
81) 대행선사(1993), 『대행스님 대담집: 한마음』, 글수레, p. 35.

수를 '수심결 번역본'83)에서 본인의 '존재감'(참나)에 대한 체험을 바탕으로 간명하고 명쾌한 해설을 붙이고 있다.

대행선사는 태초에 대한 법문에서 지수화풍이 어둠 속에서 구르다가 온기가 생겨나서 생명이 탄생했다고 설명하여 주셨다. 천체물리학의 별의 형성 시나리오에 따르면, 절대온도 100K(-173 ℃) 이하의 차가운 가스 덩어리를 구성하고 있는 입자들은 서로 충돌하면서 모이게 된다. 그런데 차가운 가스 덩어리들이 모임에 따라, 입자들이 중력에 의해 응축되고 압력이 높아진다. 그리고 내부에서 수소원자가 헬륨으로 변화하는 과정에서 열이 발생하고 별이 탄생한다. 앞장(1-1)의 '태양의 에너지 생성반응'에 대하여 대행선사께서 설명한 "차디찬 가스 덩어리에 중심을 향하는 중력"84)은 이 현상을 가리키고 있다. 그리고 별이 진화하고 폭발하는 과정을 거쳐 생명체의 구성성분인 물질이 만들어진다. 이와 같은 별의 형성과 생명체에 대한 이론은 아래에 인용한 대행선사께서 '생명의 기원과 진화'에 대하여 설법한 "지수화풍이 처음에 생겨날 때는 온기를 찾지 못해서 흙과 바람 또는 물 이렇게 뒹굴고 뒹굴고…. 그 시련과 더불어 얼마나 뒹굴었길래 온기가 생기고 온기가 생김으로써 생명체가 생긴 겁니다."라는 법문과도 대응시켜 볼 수 있다. 아래에 이에 대하여 설하신 법문을 인용한다. 하지만 생명에 대해 큰스님께서 설법하신 방대한 양의 법문을 인

---

82) 대행선사(1999), 『허공을 걷는 길: 일반법회』, 1권, p. 607, (재)한마음선원.
83) 보조국사 지눌(2020), 『윤홍식의 수심결강의』, 봉황동래.
84) 대행선사(1991), 『회보 48번』, (재)한마음선원.

용하기에는 한계가 있기에, 그중에서 참고할 만한 중요하다고 생각되는 법문출처와 법문을 아래에 표기한다.

참고문헌: 대행선사(1999), 『허공을 걷는 길: 일반법회』, 2권, p. 419, (재)한마음선원.
'생명의 기원과 인간으로의 진화'

　이 지수화풍이 처음에 생겨날 때는 온기를 찾지 못해서 흙과 바람 또는 물 이렇게 뒹굴고 뒹굴고…. 그 시련과 더불어 얼마나 뒹굴었길래 온기가 생기고 온기가 생김으로써 생명체가 생긴 겁니다. 그 생명체가 생김으로써 얼마나 그 고달픈 시련과 고통과 체험과 모든 것을 종합해서 쌓아올려 가면서, 그런 생각을 했기 때문에 진화가 되는 거죠.85)

　왜냐? 지수화풍이 전부 불종자인데 어떻게 멸망이 됩니까? 우리가 애당초에 생명이 생긴 것이 지수화풍으로 생겼는데 지수화풍이 있기 때문에 우리 생명이 생겨서 이렇게 나무도 생명들도 이렇게 생겨가지고 진화돼서 사람까지 됐는데, 바탕이 없어지지 않는데 어떻게 멸망이 됩니까, 이런 소리입니다. 그러면 그 멸망이다 하는 것도 우리 마음공부하는 분들이 다 이렇게 넓고 지혜롭게 대처해나갈 수 있는 마음들이 필요합니다. 금성이나 화성이나 또는 목성이나 천왕성이나 이런 데는 전부 생명체가 없죠. 없다고 하죠? 그러나 물이 있거나 흙이 있거나 하면은 바로 그것이 공기를 일으켜서 생명체가 생기게끔 돼 있습니다. 아주 펄펄 끓는 물이라고 해서 생명이 없는 게 아닙니다. 펄펄 끓는 물이 있어서 흐르면 흐르는 대로 완화되고, 종합이 되고 또 이게 한데 합쳐져서 생명이 생기게끔 돼 있는 거죠.86)

저 금성이나 저런 수성 같은 데도 아주 뜨거워서 생명이 살 수 없다고 그럽니다. 그러나 뜨거우면 뜨거운 대로 생명이 있고 차면 찬 대로 생명이 있는 걸 알라고 그럽니다. 그러니까 우리가 참, 세계를 볼 때도 그래요. 이쪽을 녹이면 이쪽은 물이 돼 버리고 이쪽을 또 물이 되게 해 버리면 이쪽이 얼어 버리고 이러한 문제들도 적잖이 있죠. 그리고 그것도 음양 조화로 이루어져서 이렇게 되는 겁니다.[87]

그 모든 재료가 저런 다른 혹성에도 얼마든지 있지 않습니까? 추워서 사는 생명체들, 더워서 사는 생명체들, 뜨거운 데서도 사는 생명체들, 생명체 없는 데가 없어요. 모두 눈에 보여야만 있는 줄 아는 그런 마음은 버리고 좀더 넓게 써서 모두가 두루 살고 있다는 점을 아셔야 합니다. 보이지 않는 데도 중생들이 꽉 찼다는 걸 아셔야 됩니다. 그리고 부처도 한자리를 하고 있다는 걸 아셔야 되고요.[88]

스님께서는 "우주에는 보이지 않는 생명들이 충만해 있다. 이 지구에만 우굴우굴한 게 아니라 다른 혹성에도 우굴거린다."[89]라고 하시면서, 우주 곳곳에서 존재하는 '생명의 보편성'에 대하여 설법하셨다. 그리고 아래에 인용한 '무전자와 유전자' 관련법문에서, 무전자로부터 발생된 보이긴 보이나 아주 찾기가 힘들지

---

85) 대행선사(1999), 『허공을 걷는 길: 정기법회』, 3권, p. 523, (재)한마음선원.
86) 대행선사(1999), 『허공을 걷는 길: 정기법회』, 4권, p. 303, (재)한마음선원.
87) 대행선사(1999), 『허공을 걷는 길: 국외지원법회』, 1권, p. 476, (재)한마음선원.
88) 대행선사(1999), 『허공을 걷는 길: 정기법회』, 2권, p. 276, (재)한마음선원.
89) 대행선사(2010), 『한마음요전』, p. 426, (재)한마음선원.

만 누구한테나 있는, 물질적인 차원에서 반짝거리면서 움죽거리는 '유전자'—필자가 관찰한 바에 의하면, 점(點)과 같은 형태로 공간에 균일하게 퍼져서 제자리에서 역동적으로 명멸하면서 별처럼 반짝이는, 아주 미세한 입자가 움죽거리는 TV 입력신호가 없을 때의 화면처럼 보이는 것— 로부터 별성, 생명체가 소생되었다고 설하여 주셨다.90) 이 법문은 스님께서 거의 항상 하시는 말씀—지구, 태양, 별성, 은하계, 우주는 그 중심은 우리와 하나로 연결되어 있다— 과 함께, 독자들께서 연구할 때 참고할 대목이라고 생각된다.

유전자는 어떠한 역할을 하느냐? 무진자에서 유전자가 발생될 때는 수많은 그 생명들이 유체로서 보이지 않는 그 유전자의 발생이 온 우주에 확산됐다고 봅니다. 그러면 그 유전자로부터 어떠한 것이 형성되었느냐? 유전자로부터 형성된 것이 별성이라고 볼 수 있겠습니다. 그러면 별성이 다르고 우리 몸뚱이가 다르냐 하면 그것은 아닙니다. 우리도 별성이요, 그 또한 별성입니다. 그러면 물질적인 차원에서 반짝거리면서 움죽거리는 것을 우리는 무전자에서 유전자가 발생됐다고 말할 수 있죠. 유전자가 모든 생명체들을 소생시켰다는 얘기죠.91)

어쨌든 지금 그걸로부터 여러 가지로 독특하게 물에서 사는 거는 물의 성질을 따르게 됐고 흙에서 사는 거는 흙의 성질을 따

---

90) 대행선사(2014), 『The Infinite Power of One Mind』, p. 38, 한마음 국제문화원/한마음 출판사, "무전자는 무의 세계와 유의 세계가 어울려 돌아갈 수 있게 해주는 매개체이다. 정신계에서 물질계로의 오고감이 자유로울 수 있도록 해주는, 그 어떤 것이라고 할 수 있다. …유전자는 현상계를 형성하고 돌아가게 하는 어떤 구성체를 뜻한다. 도저히 체를 가지고 있다고 할 수 없을 정도로 작아 모양을 규정지울 수는 없으나, 가느다란 형태 또는 그와 같은 움직임을 가지고 있다고 보인다."

르게 됐고, 또 화해서 사는 생명은 화생으로서의 독특한 가짐가
짐을 가지게 됐다 이겁니다. 그러면 공중의 생명들, 그 유전자가
암흑 속의 반딧불처럼 반짝거리면서 집단을 이룬 것도 역시 바
람의 성질을 아주 독특하게 가졌기 때문입니다.[92]

 그런데 우리가 그걸 가지고 무전자라고 할 수도 있는 거죠. 분
명코 있긴 있는데 보이질 않는다. 그러나 거기에서 조금 빠져나
온 것은 유전자라고 하죠. 그것은 보이긴 보이나 아주 찾기가 힘
들다. 어느 누구한테나 그것은 있다. 그러면 유전자라고 하는 것
은 아까 얘기했듯이, '자꾸 바꾸어서 나투어 돌아간다' 이런 거
를, 운행하는 그 자체를 말하는 겁니다. 우리가 금방 사람의 모
습으로 이렇게 돼 있었는데 금방 또 위대한 사람으로서 모습을
바꿔서 나올 수도 있고 그렇지마는, 이건 옷을 벗어야 그렇게 되
지만 그 옷을 벗기 이전에 우리가 24시간 살아가면서 사람이 자
꾸 바꿔서 이렇게 나투어 돌아가는 걸 짐작할 수 있으시다면, 바
로 그 프로펠러가 그와 똑같이 돌아간단 말입니다. 그러니 유전
자가 보입니까? 유전자라는 것은 그렇게 바꾸어서 돌아가는 걸
말하는 겁니다. 바꾸어서 돌아가는, 운행하는 그 자체를 말입니
다. 그래서 무전자와 유전자와 지금 육신, 물질 이 자체와, 색신
자체와 세 가지가 같이 공존하고 있는 겁니다.[93]

 그런데 지금 시기에는 과학이 발전이 되고 이랬지만 그건 유
전자의 발전이지 무전자로 하여 유전자로, 유전자로 하여 물질
로 나온 것은 아닙니다. 인간이 몰라서 그렇지 모든 게 무전자

가 있기 때문에 무전자는 수만 개를 해 놓을 수도 있고 수만 개를 없앨 수도 있는 것이 바로 무전자이며, 또는 유전자라는 것은 수만 개를 만들 수도 있지만 그 만들 수 있는 자체, 그 무전자를 없앨 수는 없는 겁니다. 유전자는 한계가 있기 때문입니다. 그렇기 때문에 유전자로 하여금 또 수만 개를 만들 수도 있는 그러한 신비한 연구를 해서, 생물학자도 그렇게 연구를 했고 철학자도 또는 과학자도 그렇게 연구를 했습니다마는 이 물질 자체가, 지수화풍 자체도 모두가 생물 아닌 게 없습니다.[94]

2-2. 태양계 내의 생명체

스님께서는 태양계 내에서 수성·금성·화성·목성·토성·천왕성·해왕성 등에서 생명체가 있음을 설명해 주시고, 그 생명체는 능력이 있어 이익을 줄 수 있지만 해롭게 할 수가 있다고 하시면서 무서운 도리라고 하셨다. 하지만 해결하기 위한 해답도 제시하여 주셨는데, 즉 우리의 한마음 주인공 공부를 통한 정신계발을 하여 나갈 것을 설하여 주셨다. 지구중생을 사랑하는 대행보살의 자비로운 보살심을 보여준 것이 아닌가? 감동할 뿐이다. 필자는 20여 년 전 워싱턴 대법회 때, 대기실에 계시는 큰스님 안내소임을 맡아서 큰스님을 독대한 적이 있었는데, 대법회가 끝난 후 다른 신도분들과 지원장 혜양스님께서 호기심 어린 얼굴

---

91) 대행선사(1999), 『허공을 걷는 길: 정기법회』, 1권, p. 114, (재)한마음선원.
92) 대행선사(1999), 『허공을 걷는 길: 정기법회』, 1권, p. 115, (재)한마음선원.
93) 대행선사(1999), 『허공을 걷는 길: 일반법회』, 1권, p. 427, (재)한마음선원.
94) 대행선사(1999), 『허공을 걷는 길: 일반법회』, 2권, p. 469, (재)한마음선원.

로 큰스님을 혼자 만난 인상을 물어보셨다. "나는 이번 생에 그렇게 착해 보이는 사람을 만나본 적이 없습니다."라고 답변을 했다. 신도분들께서 저의 짧은 답변에 아쉬워하셨지만, 무엇을 더 붙이겠는가? ㅡ그 투명한 밝음에 더하여ㅡ 경전을 통해서가 아니라 이번 생에서 보살을 만나본 것만으로도 감사할 뿐이다. 지금은 안 계시는 큰스님, 혜양스님, 노 보살님들 그립습니다.

선사는 금성, 수성 등 태양계의 행성들에서 뜨겁고 차가운 것 관계없이 곳곳에서 생명체가 존재한다고 법문을 하고 있다. 지구처럼 탄소 기반의 물을 필요로 하는 생명체가 필연적인 것은 아니다. 하지만 헬륨을 제외한 생명체를 구성하는 탄소, 수소 등 주요 원소들이 수소, 헬륨, 산소, 탄소, 질소 순으로 우주공간에서 가장 많이 발견된다. 특히 탄소는 다른 원소들과 유기 결합하여 복합물질을 형성하는데 생명의 탄생에 중요한 역할을 한다.[95] 그리고 물은 대부분의 물질을 잘 녹이는 극성 용매이고 다른 액체들보다 액체 상태로 존재할 수 있는 온도의 영역 폭이 넓다. 그래서 많은 우주생물학자들은 탄소 기반의 물이 필요한 외계 생명체의 가능성에 우선순위를 두고 있다[2, 3, 25, 26]. 현대 천문학 관측 자료에 의하면, 태양계 곳곳에 행성들뿐만 아니라 유로파, 엔셀라두스 등 많은 위성들에서도 물이 발견되어 생명체 발견 가능성이 높은 상태이다[4-9, 27-33]. 지구의 경우 극한의 환경에

---

95) 탄소는 결합을 최대 4개까지 안정된 형태로 형성할 수 있기 때문에 활용 범위가 매우 넓다. 실제로, 탄소 원자의 수에 따른 분류와 탄소 원자 사이에 단일 결합(alkane), 이중 결합(alkene), 삼중 결합 (alkyne) 등 세 종류의 결합 형태와 사슬 구조와 고리 구조 등의 골격을 만들 수 있다.

서, 예를 들어 온도가 300℃ 이상인 심해의 빛이 닿지 않는 열수공에서 황화수소로부터 화학적 반응에 의하여 에너지를 얻는 미생물이 발견되고 있다. 그리고 온도가 거의 100℃ 되는 온천수 속에서, 남극의 빙하 아래 몹시 추운 환경하에서, 지중해의 산소가 없는 염분 농도가 높은 환경 속에서도 미생물이 발견되고 있다[3, 4, 7]. 이러한 환경은 태양계의 위성 유로파, 엔셀라두스, 타이탄 등과 크게 다르지 않을 것으로 추정된다. 나아가 선사는 아래에 인용한 법문에서 보이지 않는 데에도 중생들이 꽉 차 있다고 하였는데, 태양계뿐만 아니라 우주 전체에는 생명들이 충만되어 있으며, "생명이 있으니까 물질이 모인다"라고 하면서 한 생명을 강조하였다. 현재 천문학의 관측 데이터에 의하면 우주공간에서 물 그리고 생명체의 구성성분인 유기물들이 많이 발견되고 있는 점을 미루어볼 때, 선사의 우주에서의 '생명의 보편성'에 대한 법문은 한마음과학으로 접근해서 연구하여 나갈 과제로 보인다.

아래에 내용이 겹치는 부분이 많기는 하지만, 태양계 생명체에 대한 과학법문을 내리 인용하였다. 인용한 법문 중에서 다음의 법문은 독자들께서도 당연히 잘 아시겠지만 사족을 붙인다.

"우리 불종(佛種)을, 참 '선의 불종' 이 자체는 이 '악의 불종'의 무리를 없애기 위함이요, 또는 '악의 불종'을 없앰으로써 우리 각 금성이나 저, 토성 같은 데도 생명의 존재가 살 수 있게, 움죽거릴 수 있다는 사실입니다."[100]

우리가 주인공을 만날 때는 선도 놓고 악도 놓는다. 이 말씀은 분별력, 즉 판단 중지하고 간택을 하지 말라는 말씀이다. 생각나기 이전 자리이니까요. 굳이 이름을 붙인다면 '초월선'이라고 할 수 있다. 하지만 주인공에서 한 생각으로 나툴 때는 선악이 분명해야 한다. 선의 불종으로 현상계를 운영해 나가야 한다. 즉 육바라밀(공생·공심·공용·공체·공식)로 중도로서 균형을 맞추어 보살도의 길을 가야 된다고 저는 이해하고 있습니다. 큰스님께서는 현상계와 절대계를 아우르는 한마음, 대승불교를 잘 표현하시고 있다. 그래서 필자는 이렇게 정리하고자 한다. '믿고 맡기고 지켜보면서 오공(공생·공심·공용·공체·공식)의 보살도로 살아가기' 이러한 깨달고 보림하면서, 화엄의 꽃으로 장엄하는 보살도의 길을 간다는 관점은 대행선사의 다음의 대승법문으로 정리할 수 있다.

> "그렇기 때문에 체 없는 그 마음이 그렇게 악의 존재를 풀 수도 있고 선의 존재를 풀 수도 있습니다. 무한의 그 진리가 그렇게 돼 있기 때문에 여러분한테 항상, 그저 우리가 수행할 때는 악을 버리고 선으로써, 또 우리가 마음을 깨달을 땐 악과 선을 다 놓고 가도록 가르치고 있습니다."[96]

아래에 태양계 내에서 실체를 가지고 있는 혹은 실체가 없는 생명체에 대하여 설하신 큰스님 법문을 인용한다.

---

[96] 대행선사(1999), 『허공을 걷는 길: 국내지원법회』, 1권, p. 144, (재)한마음선원.
[97] 대행선사(1999), 『허공을 걷는 길: 법형제회법회』, 1권, p. 150, (재)한마음선원.

그러나 그뿐이 아니라, 여러분이 이 공부를 한번 잘해 보십시오. 왜, 목성이나 토성이나 이런 곳이 얼음으로 덮여 있다고 그 옛날 소리처럼 그렇게 해야만 되는지 한번 잘 알아보면 알 수 있을 것입니다. 그런 데에 생명이 없는 게 아닙니다. 생명이 잠자고 있을 뿐이죠. 만약에 우리가 공부를 해서 그 생명을 내놓는다 한다면, 우리가 이런 도리를 완전히 증득하고 난 뒤에는 모르지만 이 도리를 허명무스름하게 해 가지고는 그 잠자는 모든 걸 깨울 수는 없습니다. 만약에 잠자는 것을 깨운다면 서로 잡아먹을 테니까요. 진화되지 않은 것도 있고 진화된 것도 있고 그렇겠지만 이 마음이라는 것을, 즉 말하자면 영혼이라는 것을 뺏어다가 막 살 테니까 우리는 껍데기만 남을 거란 말입니다, 이 도리를 모르면. 멀고 가깝고가 없이 말입니다. 엄청난 문제죠.97)

그러니까 한 가지의 실상을 가지고 사는 게 아니에요. 실체를 가지고 살지 않기 때문에 실상이 없고, 실상이 없기 때문에 무법천지같이 자유롭게 살 수 있다 이 말입니다. 그런데 그 반면에 뭐가 있느냐? 해롭게 하려면 한없이 해롭게 하고 이익하게 하려면 한없이 이익하게 할 수 있는, 그러한 무서운 도리다 이런 소립니다. 또 그렇다고 해서 그것이 부처님 자리냐, 그게 아닙니다. 깨우쳐서 그런 건 아닙니다. 이것은 모습으로 탄생하게끔 돼 있지 않기 때문입니다. 왜? 뜨겁고, 춥고 그렇기 때문입니다. 지구처럼 사계절이 온기와 공기 등 모든 게 구비가 되지 않았기 때문에 이 실체가 나오지 못했을 뿐이지 그대로 자기다 이거죠. 그것은 공기도 필요 없고 아무것도 필요 없는 거야. 뜨거워도 뜨거

운 게 없고, 차도 찬 게 없고, 공기가 있으나마나니 자기 하고 싶은 대로 하는 거라.98)

실체가 나오지 못하는 그러한 것이 있는가 하면 반면에 동물들도, 우리 인간의 마음보다도 더 높은 차원을 가지고 있는 것이 많습니다. 그런데 실체로 나오진 못했어도 여러분을 하나하나 집어삼킬 수 있는 그러한 능력을 가지고 있다. 그것은 자비를 가지고 있는 게 아니라 능력을 가지고 있기 때문에, 사람한테 해로울 일이 너무도 많이 앞으로 닥칠 수도 있다는 사실입니다.99)

또 한 가지 얘기는 우리가 마음공부를 해서 어디다 쓸 것이냐 하시지마는 우리 불종(佛種)을, 참 '선의 불종'이 자체는 이 '악의 불종'의 무리를 없애기 위함이요, 또는 '악의 불종'을 없앰으로써 우리 각 금성이나 저, 토성 같은 데도 생명의 존재가 살 수 있게, 움죽거릴 수 있다는 사실입니다. 여러분은 그렇게 중요시 안 하는데 이 마음이라는 것이 그렇게, 인간의 마음이라는 것은 넓히면 크고 좁히면 작고, 고무줄 인생이라고 하죠, 그래서. 이 고무줄 같은 마음을 좀더 우리가 계발해서, 정신계로 발전을 해서 계발을 한다면, 우리가 지금 그러한 문제들도 잘 해결할 수 있을 텐데 이 '악의 종'에, '선의 종'이 딱 거기에 입력이 된다면, 그것이 스스로서 착해지고 그 모습을 아주 밝게, 자력과 광력이 여러분에게 충만할 것이라는 얘깁니다. 믿어지지 않으시죠? 믿어지지 않아도 앞으로 믿어지게끔 될 겁니다. 아마도 이것이 증명되려면 한 백년 거리는 두어야죠.100)

여러분이 이 공부를 해서 전 세계뿐만 아니라 전 우주 삼라대천세계를 마음대로 조절할 수 있어서 그 잠자는 모두를 깨운다면, 어느 혹성에서나 생명들이 다 살 수 있고 그럴 수 있는 문제들이 아마 허다하게 나오겠죠. 뜨거워서 못 살고, 차서 못 살고, 얼어서 못 살고 이런 게 아닙니다. 조절하기에 달렸죠. 그래서 부처님이 그 에너지를 나르는 데도 멀고 가깝고가 없다고 말씀하시는 거지요. 이건 물질이라야 나르는 데 멀고 가까운 것이 있는 거지, 물질이 화해서 다른 게 될 수도 있습니다. 그래서 날라 갈 수도 있는 거죠. 그래서 운반할 수도 있는 거고요. 아닐 거 같습니까?[101]

바람이 불어와도 그것도 생명이 있는 겁니다. 바람도 생명이 있어요. 눈도 있고 코도 있고, 혀도 있고 다 있단 말입니다. 낼름 집어먹을 수도 있어. 사람도 그냥 낼름 집어먹을 수도 있어. 그런 무서운 생명들이에요. 그런데 그 생명이 나와 둘이 아니라면은, 그 모습과 내 모습이 둘이 아니라면, 그 용(用) 쓰는 거와 나와 둘이 아니라면, 그게 바로 나인데 말이에요. 그래서 자기가 자기 집어먹을 수가 없어, 절대로 그거는. 또 그뿐입니까? 어떤 혹성에서도 그렇습니다. 우리가 지금 몰라서 그렇지, 병고가 전 세계로 퍼지는 것도 그렇고 한쪽에만 퍼지는 것도 그렇고, 모두가 모습 없는 모습들의 생명이 있기 때문입니다.[102]

---

98) 대행선사(1999), 『허공을 걷는 길: 정기법회』, 1권, p. 140, (재)한마음선원.
99) 대행선사(1999), 『허공을 걷는 길: 정기법회』, 1권, p. 401, (재)한마음선원.
100) 대행선사(1999), 『허공을 걷는 길: 정기법회』, 2권, p. 517, (재)한마음선원.
101) 대행선사(1999), 『허공을 걷는 길: 법형제회법회』, 1권, p. 151, (재)한마음선원.
102) 대행선사(1999), 『허공을 걷는 길: 정기법회』, 1권, p. 361, (재)한마음선원.

2-3. 태양계 행성들과 고등행성문명

인류는 화성에 탐사로봇을 보내고, 많은 국가들이 화성탐사에 뛰어들면서 본격적인 우주개발 시대에 들어서고 있다. 대행선사는 일찍이 우주개발에 대한 마음을 담아서 다음의 법문을 하여 주셨다.

> 난 이 세상에서 몸을 받아 가지고 이렇게 여러분과 같이 났어요. 그런데 난 예전부터 이런 생각을 해 왔어요. 모든 사람이 이 우주의 모든 일체를 알 수 있게끔 하려면 끌어내려서 한 이름만 대면, 우주의 일체의 이름만 대면 모든 것이 컴퓨터에 나오게끔 해서 모든 사람이 연구할 수 있는 그 재료를 만들어서 이 지구에도 그렇고, 지구라는 건 여기에서 이름을 붙인 거지마는 말입니다. 하여튼 여러분에게 이익이 돌아가고, 살아나가는 데 수억겁을 거쳐 나간다 하더라도 손색이 없이 만들 수 있는 그런 기초적인, 즉 말하자면 개발국으로, 우주 개발국으로 만들 수 있는 계기로 성장시켰으면 했죠. 30년, 40년 전부터도.[103]

아래에 태양계 내에 있는 고등행성문명에 대해 설하신 과학법문을 인용한다. 상당히 황당무계하게 보일 수도 있지만 그 저변에는, 그 행간에는, 지구중생을 위해서 우주의 비밀을 —자주 쓰시는 큰스님의 표현처럼, 몸이 가루가 되든지, 장구벌레가 되든지 개의치 않으시고— 굳이 말씀해 주시는 스님의 보살심이 있음을 읽어주시기 바란다. 고등문

---

103) 대행선사(1999), 『허공을 걷는 길: 일반법회』, 2권, p. 77, (재)한마음선원.

명들의 핵심은 한마음에서 나투는 작용이다. 주인공! 시작이 거기로부터이다.

그리고 태양계 행성 중 지구에 대한 과학법문은 다음 장에서 따로 지면을 할애하여 소개하고자 한다. 즉 스님께서 표현하시는 공기막 구조, 즉 지구 외부구조 및 지구 내부의 텅 빈 삼겹구조에 대하여 설명하고자 한다. 큰스님께서는 20년 전 지구 내부구조에 대한 필자의 논문을 읽어보시고 한 군데가 틀렸다고 하셨는데, 소소한 것까지 합치면 어디 한두 군데 틀렸겠는가? 필자 자신에 대한 정리 차원에서라도 다음 장에서 지구에 대하여 검토하고 소개하고자 한다.

태양계 행성들에 대해서 큰스님께서 설법하신 방대한 양의 법문을 인용하기에는 한계가 있기에 참고가 되는, 중요하다고 생각되는 법문출처를 아래에 표기한다.

● 태양계: 수성, 금성, 지구, 화성, 목성
-대행선사(1999), 『허공을 걷는 길: 일반법회』, 2권, (재)한마음선원: '중천세계의 섭류'
-대행선사(1999), 『허공을 걷는 길: 일반법회』, 2권, (재)한마음선원: '범천과 중천세계'
● 수성:
-대행선사(1999), 『허공을 걷는 길: 일반법회』, 2권, (재)한마음선원: '우주 개발국으로의 발전'
● 금성:
-대행선사(1999), 『허공을 걷는 길: 일반법회』, 2권, (재)한마음선원: '금성을 구경하다'
● 목성:
-대행선사(1999), 『허공을 걷는 길: 일반법회』, 2권, (재)한마음선원: '한생각으로 사는 목성'

2-3-1. 수성

앞장(2-2)에서 설명한 바와 같이, 물은 대부분의 물질을 잘 녹이는 극성 용매이기에 우주생물학자들은 생명체를 연구할 때에는 물의 존재 여부에 관심을 가지고 연구한다. 큰스님께서도 앞장(2-1)에서 인용한 '생명의 기원과 진화'에 대한 법문에서 "물이 있거나 흙이 있거나 하면은 바로 그것이 공기를 일으켜서 생명체가 생기게끔 돼 있습니다. 아주 펄펄 끓는 물이라고 해서 생명이 없는 게 아닙니다. 펄펄 끓는 물이 있어서 흐르면 흐르는 대로 완화되고, 종합이 되고 또 이게 한데 합쳐져서 생명이 생기게끔 돼 있는 거죠." "어느 혹성에서나 생명들이 다 살 수 있고 그럴 수 있는 문제들이 아마 허다하게 나오겠죠. 뜨거워서 못 살고, 차서 못 살고, 얼어서 못 살고 이런 게 아닙니다. 조절하기에 달렸죠."라고 설법하셨다.

수성은 태양에 가까워 뜨거운 행성이지만, 수성의 분화구 속에서 얼음 형태의 물이 발견되고 있다[4-9, 23, 29, 32, 33]. 큰스님께서는 수성 근처에는 발달된 문명을 가진 공업국이 있으며, 수성은 4차원을 넘어섰다고 하셨다.

> 그러면 수성은 사차원이라고 해도 사차원이 훨씬 넘었습니다. 금성은 사차원이라고 볼 수 있겠습니다. 이렇게 얘기해야지 뭐, 별 수 없습니다. 그럼 모든 것은 사차원에서 벌어지는 일들…. 그러면 사차원이 넘은, 사차원 반이 되는 수성. 우린 삼

차원입니다.104)

  수성에서 좀 떨어진, 즉 지구에서 달의 거리보다 조금 더 먼 곳에는 이것저것 갖가지가 모여 하나의 성을 이루었는데 우리식으로 이야기하면 공업국이라 할 수 있다. 그곳에서는 고슴도치같이 생긴 비행 물체를 띄워서 외계의 정보를 수집한다. 비행 물체의 형태는 각 혹성마다 틀리는데, 상세계에서는 삼각형 또는 원형이고, 길쭉하면서 부처님 머리같이 생긴 비행 물체는 도솔천에서 띄운 것이다. 그것은 생각만 하면 서고 뜨며, 어디쯤 가야겠다 하면 알아서 가게 된다. 수성에서 그 공업국까지의 거리는 지구에서 달까지의 거리보다 더 되지만 수성에서는 안방 문턱 건너듯 드나든다. 왜냐하면 그 능력이 대단하므로 다른 곳의 에너지는 빼앗아올 수도 있지만 수성의 에너지는 다른 곳에 빼앗기지 않는다. 공업국에는 끝이 뭉툭하게 생긴 삼각형에 사각형의 문이 있어 겉으로 보기에는 네 겹으로 되어 있는 것 같고, 삼각형 내부의 구조는 인간의 세포처럼 거미줄 얽히듯 얽혀 있다. 수명은 수성보다는 짧다. 또 그곳에는 네 개의 문이 있지만 한 문으로 들어갈 수밖에 없으며 나올 때도 그 문으로 나와야 한다.105)

  우리가 지금 여기에서 잘 배워야 지구의 한 권리자로서 주인으로서 다른 혹성하고도 교류를 할 수 있고 어떠한 데도 두렵지 않게 떳떳하게 갈 수 있습니다. 개발이라기보다는 불국토를 이룰 수 있는 그런 문제가 생기지만 만약에 그렇지 않는다면 지구

> 가 수성처럼 될 겁니다. 수성에도 그러한 문제가 생겼다가 한 번 뒤집히고 나니까 저렇게 다시는 인간의 체를 가지고서 살 수 없거든요. 생명은 있되 보이지 않고 보이지 않으니까 내놓을 것이 없지 않습니까? 삼합(三合)이 맞아야 되거든.[106)

2-3-2. 금성

금성은 태양과 달을 제외하고는 가장 밝은 행성이다. 금성은 이산화탄소가 주성분인 짙은 대기로 덮여 있어 천체망원경으로 표면을 볼 수가 없다. 금성 상층부를 덮고 있는 황산구름의 반사효과 때문에 밤하늘에서는 가장 밝은 별 시리우스보다 밝게 빛난다. 또한 이산화탄소로 인한 온실효과 때문에 표면온도는 섭씨 464도에 이르는 고온고압 상태에 있다[4-9, 23, 29, 32, 33]. 그래서 과학자들은 레이다를 이용하여 금성 표면의 구조를 연구한다. 연구에 의하면 금성의 생성 초기 20억 년까지는 다량의 이산화탄소를 포함한 액체 상태의 넓은 바다가 있어서 생명체가 살 수 있는 조건을 갖추고 있었다고 한다.

큰스님 법문에 의하면 금성은 수준이 4차원이며, 처음에 성주로 있었고, 공업개발이 빨랐다고 한다. 반면에 수성은 4차원이 훨씬 넘었다고 하셨다. 그리고 지구는 3차원이라고 하셨다.

---

104) 대행선사(1999), 『허공을 걷는 길: 일반법회』, 2권, p. 55, (재)한마음선원.
105) 대행선사(2010), 『한마음요전』, p. 479, (재)한마음선원.
106) 대행선사(1999), 『허공을 걷는 길: 정기법회』, 1권, p. 226, (재)한마음선원.

저 수성에서나 이런 데는 뜨거워서 못 산다고 그러죠? 그런데 한생각 끄떡해서 살 수 있는 게 있거든요. 그래서 그런 데서나 금성이나 이런 데서는 거기보다는 그 능력이, 능력보다도 자연적으로다가 수성보다는, 즉 말하자면 타 버리는 능력이 적어. 그러나 그 활동력은 이루 말할 수 없어. 그래서 애당초에 그게 성주로서 돼 있었기 때문에 상당히 빠르고 개발이 빨랐다 이거야. 이 마음이 그대로, 그대로 본래 있던 대로 그냥 알고 있으니까. 그러니까, 즉 말하자면 물질과학으로 물건을 만들려면, 로케트 하나도 10년 20년 연구해서 만들었잖아요? 그런데 이 사람네들은 단 사흘이면 만들고 단 하루면 끄떡하는 거야. 아, 그래서 타고 일주를 하는 것이 우리네 한 동네에서 전 세계 일주하듯, 즉 말하자면 한국에서 저 미국에나 저 서독에나 이런 데 일주하듯 해 버리고 말아 버려, 글쎄! 얘네들이![107)

또 한 가지는, 대충대충 이렇게 얘길 하는데요, 지금 목성에는 목성대로…. 이거 고만둘까요? 오늘은 이만해 둘까요? 그래서 지구에서 사는 법도라든가 모습이라든가 또는 계절이라든가 이런 공기의 그 열이라든가…. 공기의 열이 아주 낮습니다, 여긴. 그러니까 수성이나 금성에서 온다 하면 여기서 못 삽니다. 그래서 화성에는 그림자처럼 그렇게 살다가 지금 개발이 되는 거죠. 전에는 살 수가 없었습니다. 능력이 없으니까 끌어들일 수도 없고 내놓을 수도 없으니까 말입니다. 천지가 먼지투성이고 천지가 암흑같이 그랬으니까요. 그리고 이 지구도 그전에는 암흑이었고 다른 데도 암흑이었죠. 그러나 이것이 천 년, 이천 년,

삼천 년 이렇게 수 겁을 거쳐 오면서 우리는 이렇게 발전한 거죠.108)

그러면 이것은 믿어도 좋고 안 믿어도 좋지마는 요 세 개, 요 세 개, 조 세 개 이렇게는 항상 같이, 즉 말하자면 자기의 소임도 그렇게 맡아 가지고 있을 뿐만 아니라 우리의 식구라는 그러한 뭐가 꼭 있다는 얘깁니다. 그럼 지구, 금성, 수성인데 이 금성에서 양면을 다 지금 조절하고 있는 소임을 맡아 가지고 있다고 해도 과언이 아니고, 이 지금 여기에서 목성…. (녹음 안 됨) 화성과 토성이 다 요렇게 잘하는데 이것은 벌써 예전에 여기 이 목성의 대기권을 벗어나지 않고 있던 위성에서 들이 압력을 딱 빨아 냈단 말이야. 빨아 내니까 거기로 그냥 쏠려서 다 가고 거기는 발전이 탁 되고선 여기는 그 살던 생명들이 다 앗아진 거야. 흔적은 있으나, 흔적이 지금 남지도 않았지마는 반 이상은 흔적이 지금 있고, 그 흔적이 있어도…. (녹음 안 됨) 잘하려고 무척 그, 체가 없지마는 상당히 그 마음으로 인해서, 생명으로 인해서 돌다가 결국은 목성으로 인해서 다시 깨상하게 됐다 이거야. 나중에 알고 보니까 그것이 인제 사람이 잘 못살다가 잘살다 보니까 좀 주기도 하고 그럴 수도 있는 거죠. 그러니까 역량을 빼 갈 게 없는 데다 이쪽에선 아예 부족하거든. 우리가 동네에서 굶고 그러는 사람이나, 옆집에서 굶을 때에 주듯이. 그래서 그런 역량으로 지금 앞으로는 번성하게 돼 있다는 얘기죠.109)

금성의 개발 이것도, 즉 말하자면 공업의 개발이 있는 것도 우리보다 먼저 개발을 했고 마음을 깨달았기 때문에 아마 우리보다 먼저 사차원에 가까웠다고 볼 수 있겠습니다. 우리가 금성의 일부터 생각하자면 문제가 있겠지만, 우리는 우리대로 그렇게 개발할 수 있다는 점을 아셔야 합니다. 또 그렇게 개발할 수 있는 그 능력이 우리한테 주어지는 것도 마음에 달렸다는 얘깁니다.110)

2-3-3. 화성

화성은 인류가 생명체의 존재에 대해서 가장 많이 관심을 가지고 연구하여 온 행성이다. 화성의 극지방에서 물이 발견되고 있으며, 논란의 여지는 있지만 2006년 NASA의 '마스 글로벌 서베이어' 관측 결과, 화성의 땅속에서 최근에 흘러나온 물의 흔적이 발견되기도 하였다.

〈사진 7-2a〉 화성에 강이 흐른 흔적   〈사진 7-2b〉 화성에 물이 흐른 흔적

---

107) 대행선사(1999), 『허공을 걷는 길: 일반법회』, 1권, p. 615, (재)한마음선원.
108) 대행선사(1999), 『허공을 걷는 길: 일반법회』, 2권, p. 57, (재)한마음선원.
109) 대행선사(1999), 『허공을 걷는 길: 일반법회』, 2권, p. 70, (재)한마음선원.
110) 대행선사(1999), 『허공을 걷는 길: 일반법회』, 2권, p. 277, (재)한마음선원.

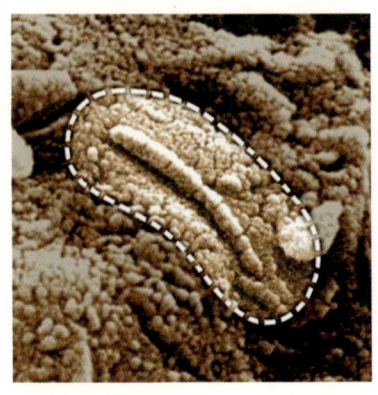

〈사진 7-2c〉 남극에서 발견된 화성
운석(ALH84001)
출처: 김형진(2004), 『빛과 우주』, 화산문화.
출처: NASA; Astronomy Picture of the Day

〈사진 7-2a〉는 화성 탐사선 오퍼츄니티(opportunity)가 촬영한 화성에 강이 흐른 흔적을 보여주는 사진이다. 그리고 〈사진 7-2b〉는 물이 흐른 흔적을 보여준다. 〈사진 7-2c〉는 화성운석에서 발견된 생명체로 추측되는 사진인데, 아직은 과학계에서 진위 여부를 놓고 논쟁 중인 사진이다.

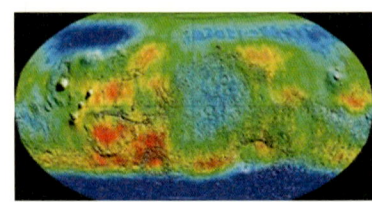

〈사진 7-2d〉 화성 표면 아래에 있는
얼음(파란색 부분)

〈사진 7-2d〉에서 보는 바와 같이, 2001년 발사된 NASA의 화성탐사선 '마스 오디세이'가 감마선 분광계로 측정한 결과에 따르면, 화성의 극지방 주위의 땅속에는 상당한 양의 물이 얼음 형태로 내장되어 있다고 한다[4-9, 23, 29-33]. 현재 과학자들은 화성에 생명체가 있다면 땅속에 미생물 형태로 존재하리라 추측하고 있다. 대행스님께서는 일찍이 화성에는 생명이 우글우글하다는 아래와 같은 법문을 하여주셨다.

> 화성에는 생명체가 없다고들 하는데 사람이 보이지 않는다고 사람이 안 사는 것은 아니다. 생명이 우글우글하는데도 안 산다

고 할 수 있겠는가? 중세계인 이 지구에서는 보이지 않는 생명들을 키로 까부르고 체로 걸러서 위로 던질 것은 던지고 아래로 보낼 것은 아래로 보낸다. 각 혹성에서는 이렇게 각자 맡은 소임을 하고 있는 것이다. 이 공부를 한다면 집주인이 엄연히 있으니 자기 정신을 빼앗기지도 않고, 내 능력을 남에게 빼앗기지도 않고, 남에게 실험을 당하지도 않는다.111)

그러니 내 가슴이 얼마나…, 여러분이 들으면 얄팍한 말이라고 할는지 모르지만 가슴이 아파요. 여러분 개개인을 두고 말하는 게 아니에요. 사람만 불쌍하고 가엾은 게 아니에요. 벌레서부터 내려오면서 그 사는 걸 보면 기가 막히죠, 아주! 기가 막혀요, 그냥. 그래서 아마 화성에는 생명들이 다 없어졌나 보다 그런 생각이 들어요. 다 그냥 알아서 다 사라져서요. 그런데 내가 볼 때는, 그 뒤로 돌아가서 이렇게 보면 사람 살던 흔적이 남아 있어요. 그래서 그거를 안 거예요. 아, 여기서도 살다가, 이 화성에서 살던 사람들이 이제 살고 살고 부딪히고 부딪히고, 수백 수만 년 가다가 보니까 '사람 사는 게 이렇구나!' 하는 걸 알았기 때문에 모두가 그냥 화해 버렸구나, 하는 생각이 들어요.112)

화성에도 사람이 살다가…, 생명이 없으면 공기가 없어지게 돼 있거든요. 대기권이 없어지고요. 그것은 모두가 오염을 시켰기 때문에 문제가 일어났던 겁니다. 그런데 지금 생명체가 좀 살아나고 있죠. 그것은 왜냐하면, 우리들의 마음에 생명이 자라게 하려면 자라게 하고 또, 생명이 없어지게 하려면 없어지게 하고, 물이 생기게 하려면 생기게 하고 그럴 자유가 있습니다. 자유권

을 여러분이 가졌습니다.113)

그전에 어렸을 때도 '별 하나 나 하나, 별 둘 나 둘' 했습니다. 그런 거나 마찬가지로 우리가 그렇게 돼 있는 것입니다. 어느 때에는 이런 점이 있었죠. 예전에 그런 소릴 들은 거 같습니다. "화성에는 아무도 안 사는 거 같아." 하는 거요. 아무도 안 사는 게 아닙니다. 우리가 못 볼 뿐입니다. 육안으로 보이지 않는 그런 것을 볼 때 그건 자유인입니다. 자유인. 안 보이려면 안 보이고 보이려면 보이지, 그까짓 거 뭐, 그렇게까지…114)

2-3-4. 목성

목성은 4개의 큰 위성들 외에도 50개115) 이상의 작은 위성들을 거느리고 있는 태양계에서 가장 큰 행성이다[4-9, 23, 29, 32, 33]. 목성의 위성 중에서 가니메데, 칼리스토, 유로파에서 물이 발견되고 있다. 그리고 목성의 위성 이오(Io)에서는 활발한 대규모 화산활동이 관측되었는데, 표면의 노란색 부분은 화산 분출물인 황산으로 덮여 있는 지역이다. 〈사진 7-3〉은 얼음으로 덮여 있는 유로파를 보여주며, 〈사진 7-4〉는 목성의 위성들 중 가장 큰 가니

---

111) 대행선사(2010), 『한마음요전』, p. 480, (재)한마음선원.
112) 대행선사(1999), 『허공을 걷는 길: 법형제회법회』, 2권, p. 1191, (재)한마음선원.
113) 대행선사(1999), 『허공을 걷는 길: 법형제회법회』, 2권, p. 931, (재)한마음선원.
114) 대행선사(1999), 『허공을 걷는 길: 일반법회』, 4권, p. 607, (재)한마음선원.
115) 대행선사는 2000년 초 목성의 위성이 16개인 것으로 알려 있던 시절에, 혜솔스님에게 목성의 위성이 50개 이상 있다고 하셨는데, 그 당시 필자가 하와이 천문대에 e-메일로 확인한 결과 '목성의 위성을 50개 이상 발견하였고, 논문을 발표하기 위해 작성 중'이라는 답변을 받았다.

메데 및 칼리스토, 이오를 보여준다. 유로파는 표면이 20~30km의 얼음으로 덮여 있는데, 내부는 물로 이루어진 큰 바다가 있을 것이라고 과학자들이 생각하고 있다. 유로파는 생명체가 존재할 가능성이 가장 높은 곳들 중 하나로 지목되고 있다.

아래에 목성에 대하여 설하신 상세계 목성에 대한 법문을 인용한다. 목성에 대한 큰스님의 법문을 살펴보면, 목성은 생각으로 살아가고 발전을 이룬다고 하셨는데, 상세계를 설명하신 듯하다. 낮과 밤이 없다는 말씀은 필자가 지구 내부구조에 대한 논문을 쓸 때에 고민했던 부분이기도 한데, 다음 장에서 지구 내부구조를 다룰 때 다시 언급하도록 하겠다.

〈사진 7-3〉 얼음으로 덮인 유로파(Europa)

출처: NASA; Astronomy Picture of the Day

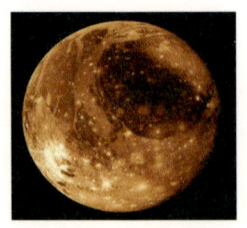  

〈사진 7-4〉 목성의 위성 가니메데, 칼리토스, 이오
출처: NASA; Astronomy Picture of the Day

　목성에서는 지구의 사람들처럼 허리띠를 졸라매고 이렇게 처참하게 살지는 않는다. 그곳은 밤낮이 따로 없는데, 보석들이 반사되어 달빛처럼 밝게 비춰 준다. 투명한 밝음으로서 안에서 스스로를 밝힌다. 스스로에게 자가 발전소가 있는 것을 알기 때문에 자기 마음대로 켠다.

　여기처럼 전기가 나갈 걱정이나 전기 값을 걱정하지 않고 편리하게 살아간다. 그러니 그곳에는 '밤', '낮'이란 단어가 없다. 우리들이 왜 그렇게 하지 못하는가 하면 자기를 못 믿고 그 도리를 못 믿기 때문이다. 그 도리를 안다면 왜 여기서만 살겠는가? 여기서 이렇게 공부하면서도 저쪽 동네로 가서도 살 수 있는 것이다. 불성이란 어디에 가고 와도 가고 옴이 없다. 그 동네에 가서 살면서도 여기에서 또 산다. 나 아닌 것이 없기 때문이다. 그 수효는 모래알처럼 많다. 하나가 되려면 하나가 되고 둘이 되려면 둘이 되고 천이 되려면 천이 되고 만이 되려면 만이 된다. 또 하나도 없으려면 없다. 자유 자재이다. 얼마나 좋은가? 116)

그러나 지금 저런 수성이나 금성이나 저런 목성 같은 데는 생각으로 살고 발전을 이루니 그 황홀한 것은 말도 못한다 이거야. 그런데 목성하고 금성하고 또 다르지, 다르기야. 질이 다른 걸. 하지만 그 야광처럼 자체 내에서 빛을 내서 또 되는 법이 있거든. 그런데 이 목성 같은 데서는 자체 내에서 밤과 낮이 없다 이거야. 밝아, 모두가. 황홀해. 그건 어떻게 돼서 그런가. 모두 반사가 돼서 모두가 불빛이란 말이야. 그런데 불빛이라고 해서 뜨겁기만 한 건 아니야.[117]

그럼으로써 생각으로 사는 목성이나, 또는 생각으로 사는 금성이나 이런 데는 꼬집으면 아픈 이런 살을 가지고 사는 게 아닙니다. 그렇게 편리하게 사는 마음의 세계, 계발의 세계, 마음의 계발의 세계예요. 이런 데는 그냥 자기가 이렇게 해서 타고 가면 가는 겁니다. 이렇게 하는 시대 말입니다. 우리가 그것을 금방 어떻게 만듭니까? 그러나 그것은 생각으로 살기 때문에 금방 만들어서 먹을 수 있거든. 생각하면 배부르거든. 우리네처럼 그렇게 몸을 움죽거려서 귀찮게 사는 게 아니야. 그러니까 상세계라고 하는 거예요. 이게 황당무계하게 말하는 건 아니에요. 또 공상으로 얘기하는 것도 아닙니다.[118]

---

116) 대행선사(2010), 『한마음요전』, p. 477, (재)한마음선원.
117) 대행선사(1999), 『허공을 걷는 길: 일반법회』, 2권, p. 377, (재)한마음선원.
118) 대행선사(1999), 『허공을 걷는 길: 일반법회』, 2권, p. 377, (재)한마음선원.

2-3-5. 지구

스님께서 설하신 지구에 대한 설법을 인용한다. 우리는 상세계와 하세계의 교차로인 중세계에 살고 있는데, "중세계인 이 지구에서는 보이지 않는 생명들을 키로 까부르고 체로 걸러서 위로 던질 것은 던지고 아래로 보낼 것은 아래로 보낸다."119)라고 하시면서, 3차원 지구에서 정신계의 차원을 더 높여 공부하여 나갈 것을 강조하고 계신다.

이 지구라는 건 뭐냐? 우리 인간을 만드는 공장이다 이거야, 지구라는 혹성이. 인간을 인간답게 차원 높게 만들 수 있는 거지. 즉 모습을 차원 높게 만드는 게 아니라 정신계를 차원 높게 만드는 공장이다 이거야. 이 공장에서 수억 겁을 거치면서 그냥 돌았다 이거야. 돌고 돌고 또 돌고 또 돌고…. 그건 말로 어떻게 형용할 수 없는 건데 한마디 말로 하자면 왜, 우리가 기계 공장에서 말입니다. 물건을 만들어서 내보냈는데 이게 잘못됐다 이러면 도로 그 공장으로 되돌려서 불 속에다 넣어서 다시 만들어야 합니다.120)

큰스님 … 조금씩 거론하는 문제, 지구 안에서만이 문제가 아니라 바깥 세계의 모든 구경을 여러분이 할 수 있는 것도 그렇지만 우리 지구 안의 세계적인 개발도 역시 여러분의 마음에 달려 있으니까요. 이 지구가 황폐해서 처음 시작할 때에 지구라는 몸뚱이가 얼마나 고초를 받았는지 그것도 여러분이 생각해야 될

---
119) 대행선사(2010), 『한마음요전』, p. 480, (재)한마음선원.
120) 대행선사(1999), 『허공을 걷는 길: 법형제회법회』, 2권, p. 1289, (재)한마음선원.

겁니다. 우리 몸뚱이가 갓 나와서 살아나오는 동안 얼마만큼 그 역경을 겪었습니까. 물론 순수하게 살아나가는 분들도 있겠지만 많은 역경을 겪어 왔습니다. 지금도 겪고 있고요. 그렇듯이 지구라는 이 몸뚱이 하나도 여러 몸뚱이들한테 휘달리면서 이끌고 나오느라고 무척 수고를 했다고 봅니다. 그래서 금성이라는 그 자체도 그렇겠지만, 오늘 조금 거론하려고 합니다.[121]

그래서 그것이 바로 공덕이 되고, 이 세상 끊임없이 가고 옴도 없는 이 진리 속에서 세세생생에 그 공덕으로 끝이 없이 끄달리지 않을 것이며, 바로 내 마음이 금이 돼서 금으로서 모든 생산을 이 세상 방방곡곡에 낼 수 있다면 아마도 이 세상은 불국토가 될 것입니다. 그리고 그런 마음들을 가지고 있다면 우리가 우주의 근본으로서 방황하지 않고 또는 우주 혹성들에게 모든 것을 침입 당하지 않고, 우리 지구가 침입 당하지 않는다면 우리는 한마음 한뜻으로서 우주의 근본에 상응하면서 멋지게 살아갈 수 있는 대인이고 자유인이면서 세세생생에 끄달리지 않을 것입니다.[122]

그렇기 때문에 실험적으로 실험대에 올려놓게 된 물질적인 이런 인간도 그렇지만 물건도 없어지는 수가 많이 있죠. 그러면 그런 대로 물속으로, 즉 말하자면 뚫렸고, 허공으로도 길이 뚫렸다 이겁니다. 그렇기 때문에 차원이, 우리는 그 길을 모르니까 그 고비 넘겼다 하면 그냥 없어지는 겁니다. 모든 문제가 이 길 아닌 길이 있다는 거를 명심하셔야 됩니다. 그리고 통래가 없는 통래가 있다는 것은 아주 틀림없는 사실입니다. 우리 남쪽으로나 서쪽으로나 동쪽으로, 북쪽으로는 없지마는 그렇게 세 군데로,

우리 지금 이 지구에도 그런 사차원의 구멍이 있다는 겁니다. 그렇기 때문에 세계적으로 구멍이 많이 있으나 아홉 개의 구멍이 전부 있다는 겁니다. 그럼 세계적으로 보면 아홉 개지마는, 우리가 지금 여기에서 본다면, 세 구멍씩이면 얼맙니까? 딴 혹성에는 구멍이 두 개인 데도 있습니다. 목성 같은 데는 두 구멍밖엔 없습니다. 그것은 왜냐하면 자유스럽게 신선이 살고 있다는 얘기거든요. 123)

2-3-6. 기타 물이 존재하는 태양계 위성들

〈사진 7-5a〉는 얼음으로 덮인 토성의 위성 엔셀라두스를 보여주며, 〈사진 7-6〉는 얼음과 먼지 덩어리인 혜성 사진이다. 특히 엔셀라두스의 경우 〈사진 7-5b〉에서 보는 바와 같이, 수증기가 분출하는 것이 관측되어 큰 화제를 불

〈사진 7-5a〉 얼음으로 뒤덮인 토성의 위성 (엔셀라두스)

러일으키기도 하였다. 〈사진 7-7〉은 수증기를 분출하는 소행성 세레스 사진이다. 지금까지 설명한 자료들 외에도 지구의 위성인 달을

---

121) 대행선사(1999), 『허공을 걷는 길: 일반법회』, 2권, p. 277, (재)한마음선원.
122) 대행선사(1999), 『허공을 걷는 길: 일반법회』, 1권, p. 116, (재)한마음선원.
123) 대행선사(1999), 『허공을 걷는 길: 일반법회』, 2권, p. 58, (재)한마음선원.

〈사진 7-5b〉 얼음으로 뒤덮인 엔셀라두스 표면에서 분출하는 수증기
출처: NASA; Astronomy Picture of the Day

비롯하여 태양계 곳곳에서 물이 발견되고 있다[4-9, 23, 27-33].

예를 들어, 해왕성의 위성인 트리톤의 남반부에서 얼음화산이 발견되었다. 토성의 위성 타이탄에서는 메테인과 에테인으로 이루어진 바다 그리고 얼어붙은 물이 있는 것이 '카시니호'에 의해서 관측되었다. 타이탄의 대기는 원시지구 대기와 닮아 있는데, 앞서 생명의 기원에서 설명한 바와 같이 질소와 메탄가스가 풍부한 환경에서 미국 과학자 밀러가 유기물 아미노산을 합성하는 실험에 성공하였다. 과학자들은 이와 같은 사실로 미루어볼 때, 타이탄에 생명체가 있을 가능성이 있다고 한다.

〈사진 7-6〉 혜성 NEOWISE

출처: NASA; Astronomy Picture of the Day

〈사진 7-7〉 수증기를 발산하고 있는 소행성 세레스

출처: NASA; Astronomy Picture of the Day

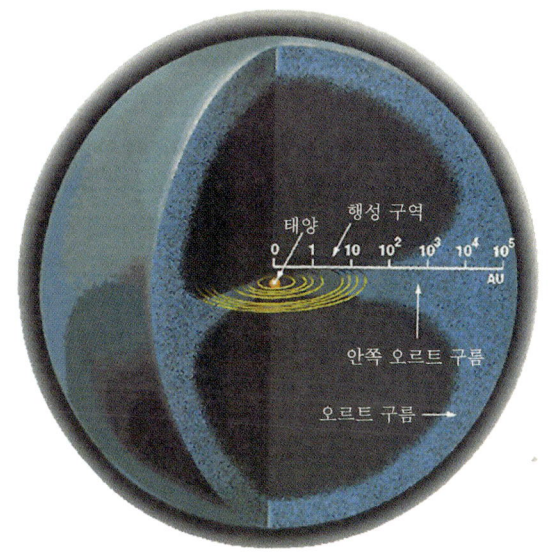

〈그림 7-11〉 카이퍼벨트 및 오르트 구름대

출처: 김형진(2004), 『빛과 우주』, 화산문화.

해왕성 궤도 넘어 태양계 외각 지역에는 거대한 띠 모양으로 작은 천체들이 모여 있는 영역인 카이퍼벨트가 있다. 카이퍼벨트에는 얼음과 수많은 소행성들을 포함하여, 태양계 형성 시 초기 물질이 있다고 생각된다. 〈그림 7-11〉에서 보는 바와 같이 카이퍼벨트 밖에서 구형으로 태양계를 감싸고 있는 오르트 구름과 함께 카이퍼벨트는 핼리혜성과 같은 혜성들의 근원지라고 생각된다[4-9]. 이 정도 분량의 관측 자료로 미루어볼 때, 대행선사의 태양계 곳곳에 생명체가 존재한다는 설법은 유력한 가설로 받아들여진다. 핼리혜성을 정보국이라고 비유로 설명하신 선사의 법문을 인용한다.

요즘 말하는 혜리성(핼리혜성을 이르심)이라고 하는 그 문제들도, 모두 혜리성은 이렇다 저렇다 얘기들을 합니다. 그런데 난 말을 못 하겠습니다. 그건 왜? 양면이 동등하게 돼 있기 때문입니다. 예를 들어서 말한다면, 여기로 비유해서 정보국이라고 합시다. 정보국에서 정보국장이 하달을 해서 정보원이 어떠한 순찰을 돌 때에, 잘 하는 부분은 잘 한다고 서류가 올라갈 거고 못 하는 부분은 아예 파괴시킨다는 얘깁니다. 그렇다고 해서 파괴를 시키는 게 그냥 불이 나거나 그러는 게 아니라, 모든 사람들이 병이 들거나 어떠한 나라든지 재앙이 옵니다. 파산이 되고 국토가 나빠지고 이렇게 되는 문제가 생기기 때문에 그건 나쁘게 한다 할 수도 없고 좋게 한다 할 수도 없는 양면이 있으니 그 말을 어떻게 하겠습니까?[124)

　우리가 계발을 해서 첨단을 넘지 않는다면, 기름도 자꾸 쓰면 기름이 땅 속에서 줄어들 듯이 곶감 꼬치 빼먹듯 그것만 빼먹고선 나중엔 어떻게 하렵니까? 그러니까 때에 따라서 모자라면 모자라는 대로 흔들리고, 힘이 부족하면 다른 뭐, 예전에 그런 예도 있죠. 핼리혜성이 나타났다고요. 그것이 지구나 어떠한 혹성을 치면은 그 영향이 얼마나 크겠느냐고 하는 이런 말을 들었습니다. 그러나 그 핼리혜성도 역시 우리 마음이 이탈돼 가지고 뭉친 거거든요. 그러나 그것이 아무리 악이다 할지라도 내가 만약에 핼리혜성이 된다면 그건 무난하지 않을까요? 이게 바로 계발을 해서 만법을 사용하는 중용입니다. 그래서 겁이 안 나고 모든 게 싱긋이 웃어지고 모든 게, 누가 누구를 망하게 합니까?[125)

3. 비행접시: Identified Flying Object(IFO)

  비행접시에 대한 큰스님 법문의 내용을 살펴보면, 비행접시는 마음으로 만들고 운행한다는 것이다. 예를 들어 비행기처럼 굴러서 뜨는 것이 아니라 바로 뜬다든지, 여러 개로 나누어질 수 있다고 하시면서, 우리가 사는 태양계 내에서 온 비행접시, 상세계 혹은 도솔천에서 온 비행접시의 형태를 소개하고 계신다. 그 형태는 삼각형, 타원형, 원형, 접시형, 길쭉한 고구마형 그리고 고슴도치 모양을 하고 있다고 한다. 하지만 또 다른 관점은 우리보다 한 차원 높은 존재들에게 정신을 빼앗기고, 실험을 당할 수도 있다고 경고해 주시는 점이다. 즉 지구 에너지를 다른 행성에 빼앗길 수도 있으니, 우리의 한마음 공부가 핵심이라는 내용의 법문이다. 지구 중생을 껴안는 스님의 자비심이 전해 오는 대목이기도 하다.

  스님께서는 '우주의 실상'에 대한 법문에서 "왜 이러한 이야기를 하는가 하면 앞날을 위해, 연구하는 사람을 위해서, 또 수십 번 다시 태어날지라도, 수십억 년이 걸리더라도 이러한 도리를 모두가 알아야 하겠기에 하는 말이다."라고 하셨다. 그러므로 비행접시 자체에 대한 연구뿐만 아니라, 스님께서 자비심으로 하신 이 법문에서 한마음 공부를 강조하신 점을 유의해서 행간을 읽어

---
124) 대행선사(1999), 『허공을 걷는 길: 정기법회』, 1권, p. 149, (재)한마음선원.
125) 대행선사(1999), 『허공을 걷는 길: 정기법회』, 2권, p. 55, (재)한마음선원.

주시기를 바란다. 마찬가지로 내용상 겹치는 부분이 많음에도 불구하고 내리 과학법문을 인용한다. 표현만 다를지라도 법문 하나하나가 필자에게는 소중하기 때문이다.

> 수성에서 좀 떨어진, 즉 지구에서 달의 거리보다 조금 더 먼 곳에는 이것저것 갖가지가 모여 하나의 성을 이루었는데 우리 식으로 이야기하면 공업국이라 할 수 있다. 그곳에서는 고슴도치같이 생긴 비행 물체를 띄워서 외계의 정보를 수집한다. 비행 물체의 형태는 각 혹성마다 틀리는데, 상세계에서는 삼각형 또는 원형이고, 길쭉하면서 부처님 머리같이 생긴 비행 물체는 도솔천에서 띄운 것이다. 그것은 생각만 하면 서고 뜨며, 어디쯤 가야겠다 하면 알아서 가게 된다.[126)]
>
> 만약에 다른 혹성에서 마음세계로 치닫고 있는 사람들이 있어서 지금 지구의 과학자들이 연구하고 또 발전하고 이러는 것을 지구에서는 어떻게 하고 있나 하고 방문을 해서 모두 돌아보고 가도 여러분 눈에는 보이지 않습니다. 그걸 아셔야 됩니다. 그래서 마음이 계발되지 못하면 아마 다 송두리째 뺏겨도 뺏기는 줄 모르게 뺏길 수도 있다 이 소립니다. 뺏긴다고 해서 죽는 것은 아닙니다만 두뇌가 무질서해질 수밖에 없죠. 여러분이 알고 있고 듣고 있고 보고 있는 그 자체를 그냥 빼가도 여러분은 어디다가 호소 한마디 못 합니다.[127)]

우리가 어떠한 기술을 가졌든지 다 빼서 자기들은 마음으로 한

생각에 해결해버리고 맙니다. 그러니까 우리는 지금 몇십 년을 연구해서 비행기를 하나 만드는데 이건 물질과학이지만, 그들은 심성과학이기 때문에 한생각에 비행기를 만들어서 타고 다니다가도 그냥 없애버릴 수가 있죠. 우리가 말을 하다가도 말을 중지하면 말이 끊어지고 없어지듯이, 타고 다니다가도 그냥 내리면 없어져. 그것뿐입니까? 자기가 만 가지 모습으로 낼 수도 있어.128)

그때에 접시비행기를 볼 때, 그때는 몰랐는데 그후에 생각을 하니까 '아- 저런 사람은, 저런 비행기를 움죽거리는 사람들은 너무 에너지가 많아서 우리들이 범접을 못 하게끔 돼 있다.' 이런 생각도 들었습니다. 우리는 지금 인구가 많아지는 반면에 자원이 부족해지고 능력이 손상되고, 정신을 뺏기고 이러는 수가 많습니다. 혼을 뺏기는 수도 많고요. 여러분의 집에 만약에 집주인이 없다면 여러분은 다른 세계에 혼을 악으로 뺏길 수도 있죠. 선은 뺏아가고 뺏아오고 하는 것은 없이 여러분에게 성능을 더 넣어주려고 애를 쓰지만은, 악으로써 넣어주는 것은 바로 여러분의 혼을 뺏기 때문입니다. 악으로써 존재한다면 이 세계는 어떻게 되며 지구는 어떻게 되겠습니까? 그리고 또 태양은 어떻게 되겠습니까? 또 태양이 끼고 돌 수 있는 그 별성들은, 그 생명들은 어떡하겠습니까? 우리의 생명과 똑같습니다. 수명이 길고 짧을 뿐이지.129)

옛날에 접시비행기가 떴다고 그랬죠? 그거는 마음으로 움죽거리는 거지만, 지금 우리가 움죽거리는 거는 마음으로 움죽거리는 게 아니라 기계로 움죽거려요. 그러니까 앞으로 우리나라에서라도 철저하게 이 공부가 된다면, 우린 아마 마음으로 컴퓨터를 움죽거릴 수가 있을 거예요. 컴퓨터는 사람의 마음처럼 새록새록이 금방 달라지고 금방 달라지고 이러질 못합니다. 이게 잘못 들어갔으면 금방 고쳐서 금방 행하고 이렇게 하질 못합니다. 마음공부를 한다면 그렇게 할 수도 있으련만, 공부를 영 하려고 하지도 않고, 정신계를 탐탁하게 배우려고 하질 않아요. 자기가 정신계에서 물질계로 이렇게 움죽거린다는 걸 모르구요. 그러니까 우리는 50%밖에는 발전할 수가 없다는 결론이죠. 뭐, 나오고 안 나오고 그게 문제가 아니죠.130)

그런데 지금 지구에만 이렇게 생명이 살고 움죽거린다는 건 아닙니다. 여러분 잘 아셔야 됩니다. 내가 6·25때 나이 젊었을 때 얘깁니다. 6·25때 접시비행기를 봤습니다. 그때는 여기서도 봤다 저기서도 봤다 야단들이었습니다. 여기서 저기 내려다보이는, 저 아래 내려다보이는 데까지 앉은 걸 봤습니다. 여자로 보이는데 여자 하나를 듬뿍 안더니만 그리로 태우고선, 그 양쪽에 모두 고슴도치 같은 것도 있습디다. 얼마 크지도 않은 것이 밑으로다가 철컥 뭐가 내려오니까 그냥 그리로 머리만 이렇게 수그리니까 그냥 올라가고 있어요. 그런 거를 똑똑히 저 아래 틈에서 봤거든요.131)

그렇다면은 우리가 입증되는 무슨 문제가 있느냐? 지금. 옛날에 6. 25 사변 났을 때도 접시비행기가 많이 나타났죠. 난 그걸 봤어요. 제가 그때 스물세 살인가 그렇게 됐을 무렵이거든요. 그런데 반짝 반짝 반짝하면서 말입니다. 그냥 이렇게 낮게, 낮게 이렇게 딱 스쳐가는데 뭐가 파괴가 된 줄 아십니까? 물질이 그냥, 그냥 거기서, 거기가 어딥니까? 파괴가 되는 겁니다. 아마도 그릇 굽는 가마에 들어가서 숨어 있다가 창문으로 내다본 것이 그거거든. 많은 공부가 됐어요. 그래서 난 이렇게 생각해요. 모든 것이 부처의 스승 아닌 게 없고 또는 모든 것의 부처가 스승 아닌 게 없다고요. 항상 이런 말을 하지만 풀 한 포기도 벌레 한 마리도 그냥 볼 수가 없어요. 모두가 배움에 의해서 그것이 확립되고 조화가 되고 조절이 되고 지혜가 늘어나고 이러니까 그것이 스승 아니고 뭐겠습니까?[132]

그런데 말입니다. 그전에도 내가 얘기했죠. 6·25때 말입니다. 접시비행기라는 말 들어보셨죠? 많이 보시기도 했을 거예요. 그게 접시 모양 뿐만 아니라 타원형으로 생긴 것도 있고, 뭐 원형으로 생긴 것도 있고, 여러 가지 있죠. 길쭉하게 고구마처럼 생긴 것도 있고 말입니다. 그런데 그것이 어떻게 움죽거리는지 보셨습니까? 난 그때에 나이가 어렸지만 말입니다, 한 스물서넛 이렇게 됐었다고 봅니다. 그런데 이게 그대로 있는 게 아니라 말입니다. 하나가 이렇게 떴는데 그 하나에서 줄을 지어서 나와요. 지금이 아니라 한 15년 전, 20년 전 얘기죠.[133]

그러니까 이런 말이 있죠. 이 도리를 알면 짊어지고 다니지 않아도 내가 쓸 때에 그냥 마음대로 쓸 수 있고, 내가 살 때 마음대로 살 수 있고, 사는 날까지 내가 옷을 새로, 신식으로 바꿔서 입겠다 하지 않는 이상에는 좀 오래도 살 수 있구요. 또 너무 못 쓰게 되면 좀 바꿔 입어야겠다 하는 생각도 있지 않겠습니까. 그러나 '바꿔 입는다' 이런 생각도 하지 마세요. 왜냐하면 화(化)해서 다른 상세계에 어떠한…, 정말 필사적으로 이 세상을 다 바꿔 놓을 수 있을 정도의 원력을 가지고, 즉 말하자면, 상세계에서 비행접시를 타고 자기 마음대로 자유자재하듯이, 그렇게 할 수도 있는 문제가 있죠. '비행접시에는 뭐, 생명이 없나?' 하지만 말이에요. 생명 없이 있는 게 있나요? 하지만 내 마음이 차원이 높아질수록 달라지니까 내가 미리 모습을 이렇게 가지고 나와야겠다, 저렇게 가지고 나와야겠다 하지 마세요. 정말 옷을 벗을 때 어떠한 생각이 들면 그 생각으로써 그냥 그냥, 생각했던 그 자체가 그냥이니까요. 여러분의 생각은 어떻습니까? 좀 정신을 바짝 차려서 '어떠한 거를 마음으로 연구를 했는데 물질세계에 그대로 나왔다,' 이런 거 좀 연구들 안 해 보시렵니까? 우리 연구팀들도 그렇지마는 사사로이 사는 분들도 다 연구팀이다 이 소립니다. 우리가 생활 속에서, 사회 속에서, 이 우주 속에서, 어떠한 거를 파악하고 생각하는 것도 연구니까요. 연구가 뭐 별다로 따로 있는 게 아니니까요.[134)

그러니 그 모두가 생명들이 있어서 힘들이 강하면 그 힘들이 있다는 거를 입증하는 것은 뭐냐 하면, 그 삼각 해역에서 비행기가 없어졌다는 것도 입증입니다. 벌써 우리보다 앞서 진화된 생물이 있다는 겁니다. 접시비행기가 떠서 그렇게 다니고, 백 마일쯤이든 뭐 고걸 정해서 보진 않았지마는 그만큼 파괴가 된다는 것만 해도 벌써 그것은 입증이 되는 겁니다. 우리보다 더 계발이된 생물이 있구나 하는 걸 말입니다. 이 마음의 도리를 공부하면 꼭 그걸 봐야만 되는 건 아닙니다마는 그러면 바깥에서 들어오는 것도 연구가 되고 안에서 일어나는 것도 연구가 되는 거거든,

양면을 다. 한쪽으로만 기울어져서 아니 되니까, 현실도 무시해서는 아니 되거든. 하나 버릴 게 없거든. 결국은 현실로 나오지 않는다면 무의미한 거지 뭐.135)

그런데 아까 얘기하다가 마치지 못했습니다마는 그렇게 모습 없는 모습들이 항간에 모습을 해가지고도 나타난 것이 있었습니다. 6·25때 저는 똑똑히 내 눈으로 지켜봤습니다. 비행기 접시도 봤습니다. 그건 어디서 온 걸까요. 우리 지구 안에서 생기지 않은 건데 어디서 났을까요? 둥글둥글하고 또 이것이 고슴도치처럼 생긴 것도 나타났죠. 눈이 부셔서 볼 수가 없었어요. 그것이 있다가도 사람들이 왁자지껄하거나 그러면은 그냥 없어져. 지금 비행기 뜨는 것처럼 쭉- 가서 이렇게 뜨는 것도 아니야. 또 불이 퍽퍽 나면서 뜨는 것도 아니야. 이거는 그냥 환하게 눈이 부셔서 그냥 그쪽을 볼 수 없게 하고 없어지는 그런 자체, 그건 어디서 났을까요? 여러분 대답해 보세요. 어디서 났겠습니까? 그런데 여기 과학자들은 그런 거 한 예가 없다고 하지 않습니까?136)

큰스님 그건 그 사람네들이 그래야지 내가 쫓아다니면서 뭐 그럽니까? 아니, 보세요. 비행접시는 한 차원, 두 차원, 세 차원이 넘어간 사람들의 공학입니다. 마음으로 딱 이것을 해서 만든 거지 그냥 물질로써 만든 게 아닙니다. 그렇기 때문에 없어졌다 있어졌다 하는 것이죠. 그리고 마음으로 이걸 리드해 나갑니다. 내가 이쪽으로 가자 하면 이게 그냥 가지는 거지 운전을 하고 가는 게 아닙니다. 지금 세계적으로 이 지구 안에서 만드는 건 물질입니다. 물질인데다가 우리가 정신이 통일이 되지 않은 그런 문제로써 지금 허공에 이 생명들이 꽉 찬 거를 헤치고 나갈 수 있는 그런 능력이 있는 게 아닙니다. 그렇기 때문에, 그런 능력이 없기 때문에 그런 물건을 못 만듭니다. 그런 물건을 못 만들기 때문에 비행기가 그냥 뜰 수가 없습니다. 이렇게 굴러서 뜨지.137)

그런데 허공에도 생명들이 꽉 차 있거든요. 생명들이 꽉 차 있는 반면에 에너지도 꽉 차 있거든요. 그래서 우리가 그만큼 차원이 높아져야 에너지도 허공에서 꺼내 쓸 수 있다 이 소리죠. 예전에 '접시비행기가 떴다.' 이랬죠. 접시비행기가 왜 십 리 안팎으로 와서도, 이십 리 삼십 리 저 뒤에 와서도 이 서울 내외를 다 알고 이가 기어다니는 거까지도 다 봤을까요? 그게 마음으로 봤기 때문에 다 보는 거예요. 마음을 컴퓨터에 넣어서 컴퓨터 장치가 됐거든요. 그러니까 여러분이 다 차원이 높아져야 그 답변을 할 수가 있는 거죠.138)

---

126) 대행선사(2010), 『한마음요전』, p. 479, (재)한마음선원.
127) 대행선사(1999), 『허공을 걷는 길: 정기법회』, 1권, p. 400, (재)한마음선원.
128) 대행선사(1999), 『허공을 걷는 길: 정기법회』, 1권, p. 400, (재)한마음선원.
129) 대행선사(1999), 『허공을 걷는 길: 정기법회』, 2권, p. 518, (재)한마음선원.
130) 대행선사(1999), 『허공을 걷는 길: 법형제회법회』, 1권, p. 652, (재)한마음선원.
131) 대행선사(1999), 『허공을 걷는 길: 정기법회』, 2권, p. 517, (재)한마음선원.
132) 대행선사(1999), 『허공을 걷는 길: 정기법회』, 2권, p. 60, (재)한마음선원.
133) 대행선사(1999), 『허공을 걷는 길: 법형제회법회』, 2권, p. 751, (재)한마음선원.
134) 대행선사(1999), 『허공을 걷는 길: 법형제회법회』, 2권, p. 1021, (재)한마음선원.
135) 대행선사(1999), 『허공을 걷는 길: 정기법회』, 2권, p. 60, (재)한마음선원.
136) 대행선사(1999), 『허공을 걷는 길: 정기법회』, 1권, p. 403, (재)한마음선원.
137) 대행선사(1999), 『허공을 걷는 길: 국외지원법회』, 2권, p. 719, (재)한마음선원.
138) 대행선사(1999), 『허공을 걷는 길: 국외지원법회』, 3권, p. 1738, (재)한마음선원.

제7부
텅 빈 지구와 달

1. 지구 외부구조

〈사진 8-1a〉는 지구상공에서 찍은 중동지역의 사진이다. 〈사진 8-1a〉와 〈사진 8-1b〉에서 지구 수평선 위로 파란색의 얇은 띠 모양의 대기권을 볼 수 있다. 우리는 이 사과껍질 같은 얇은 대기권(스님이 표현하신 공기막)과 지각 위에서 아슬아슬하게 살아가고 있다. 스님이 설명하신 6단계 껍데기의 역할, 눈에 보이지 않는 법망은 심성과학으로 접근해서 연구해야겠지만, 관련이 있는 현대지구과학이 밝혀낸 지구 외부구조를 대략적으로 살펴본다.

〈사진 8-1a〉 지구의 대기

〈사진 8-1b〉 지구의 대기   출처: NASA; Astronomy Picture of the Day

  지구의 대기는 〈그림 8-1〉에서 보는 바와 같이 고도가 상승함에 따른 기온의 변화, 구성성분, 기능에 따라 대류권·성층권·중간권·열권으로 분류된다[34]. 대류권은 하층부가 상층부보다 온도가 높아 불안정한 층으로, 기상현상이 발생한다. 성층권은 하층부가 상층부보다 온도가 낮은 층으로, 매우 안정한 층이다. 이 안정한 성층권 하부에는 오존층이 있는데, 자외선을 막아주어 지구 생명체 보호에 중요한 역할을 한다. 전리층은 중간권과 열권을 포함하는데, 전리층은 전자와 이온으로 구성되어 있다. 열권은 태양복사 에너지양에 의해서 팽창 혹은 수축을 한다. 아래에 인용한 지구 대기권에 대한 스님 법문을 요약하자면, "다른 혹성과 같이 지구에도 망사처럼 큰 둘레로 펼쳐져 있는 법망이 있다. 이 법망은 북극에도 있는데, 보이지 않는데 법망이기 때문에

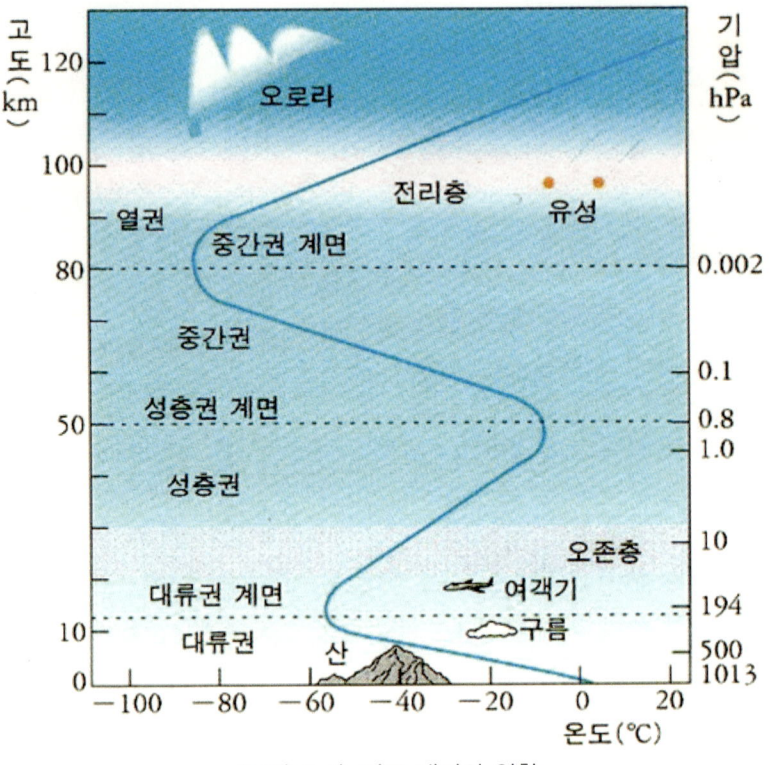

〈그림 8-1〉 지구 대기의 역할

과학자들은 이것이 어디로 해서 어떻게 나가는지 다 알지 못한다고 하셨다. 지구의 대기권에 있어서는 삼 겹은 안으로 들이는 역할을 하고 삼 겹은 바깥에서 끄는 역할을 한다고 하셨다. 덧붙여 북극과 남극에서 들이고 내기 때문에 지구가 소통되어 균형을 맞추어 살아간다고 하셨다. 그리고 선사는 공기막이 터질 수도 있다고 하였는데, 이는 안정된 성층권 하부에 있는 오존층을 가리키는 것으로 생각된다."

그래서 우리는 열심히 그 마음을 합쳐서 일체가 다 한마음으로 구성돼서 일체제불과 더불어 같이 이 지구의 모습을 지속되게 하는 도량이 있어야 된단 얘깁니다. 그건 왜냐하면 운기라고 할까, 그런 따뜻한 공기가 압축을 시키기 때문에 우리 공기막은 터지게 돼 있습니다. 그 얘기는 안 해도 되지만, 여러분이 왜 그렇게 저 스님이 저러는지 그것쯤은 조금 알고 가셔야 될 것 같아서 오늘 말하기로 했습니다. 그게 터지면 만년설이나, 남극과 북극 전부, 여름이나 겨울이나 녹지 않는 얼음이 녹게 됩니다, 모두가 달라지고. 그게 터지게 되면 어떤 변화가 오느냐? 땅덩어리가 산산조각이 나게 돼 있습니다. 그렇게 된다면 우리는 개미처럼 어디 물 없는 데로 기어올라가야 할까요, 어떡할까요? 그것은 장난이 아닙니다.139)

또 이 지구만 해도 이 안의 세계를 위하여 지구 바깥으로 세 개의 소임이 있다고 그랬습니다. 뭐냐? 지구 바깥에 법계가 있습니다. 그러면 법계라는 그 자체는 무엇이냐? 우리네들의 마음, 생명이 있기 때문에 바로 우리네들 털구멍을 통해서 나고 들고 하는 것처럼, 지구도 살아 있는 생명들을 가지고 있는 그러한 물질, 혹성이기 때문에 많은 물질들이 입자를 통해서 분자가 돼가지고는 세 가지 소임을 합니다. 아주 질서정연하게 단계 단계 단계…, 그래서 지구 바깥으로 그 단계가 되어 있는 것은 바로 그러한 소임을 맡은 단계입니다. 안으로 들이고 바깥으로 내는 소임, 안으로 바깥으로 전부 통신하는 소임, 그리고 책정을 하는 소임, 세 가지를 그렇게 다 가지고 있습니다. 그중에 안으로 들이고 밖으로 내는 것만 보더라도 더 넓게 보면 이 지구 안으로 모두가 들어오고 나가고 하는 것도, 우리가 지금 발을 붙이고 다니는 것도, 남극 북극에서 그 소임을 하면서 들이고 내기 때문입니다. 남극이 똥 누는 데라면 북극은 먹어야 하는 곳입니다. 우리가 나쁜 건 내놓고 좋은 건 들여 놓듯이, 지금 인간 혹성 자체가 그렇게 살듯 지구도 그러하다 이겁니다.140)

지난번에 지구로 비유를 해서 세 겹의 문제가 있다는 그 점을 미비하게 얘기했던 겁니다. 지구의 대기권에 있어서도 삼 겹은 안으로 들이는 역할을 하고 삼 겹은 바깥에서 끄는 힘을 가졌다는 얘깁니다. 그래서 대기권의 육합이, 육 겹의 육합이, 삼 삼이 서로 당기고 조입니다. 우리 인간도 살아나가면서 마음을 당기고 마음을 끌고 바깥으로 내고 하는 것이 바로 이런 겁니다. 내 마음이 바깥으로 끌리면 그냥 거기에 끌리고 말고 우리가 끌면 저쪽에서 우리 앞으로 끌려오는 겁니다. 그건 힘에 의해서입니다. 그런데 힘에 의해서가 아니라 지혜, 즉 말하자면 내가 잘 인도를 할 수 있는, 그런 마음을 가질 수 있는 능력이 있어야 끌어서 잘 인도를 할 수 있다는 말입니다. 그 능력을 악의적으로 쓴다면 끌어서 구덩이에다 넣듯이 악의적으로 끌고 가는 겁니다.141)

그러면 그 위에다가 덧붙여 말을 한다면, 한마음이라는 이 자체의 소용돌이가 바깥으로 털구멍을 통해서 들고 나는 그런 요소가 있는데 그것을 여러분한테 어떻게 방편으로 말을 해 줘야 하나 하는 생각이 지금 듭니다. 원자에서 입자가 수를 헤아릴 수 없이 나고 그 입자에서 분자가 헤아릴 수 없이 납니다. 그것을 바로 대기권이라고 지금 그러는데 우리는 법계라고 합니다. 이 법계에서,

모두 세 층으로 이렇게 그 대기권에서 돌아가면서 통신도 하고 모든 일들을 합니다. 지구 바깥에도 그렇고 지구에도 그 법계라는 대기권이 있고 우리 인간에게도 있고 그렇기 때문에 어떠한 나무 한 그루도, 풀 한 포기도 불교 아닌 게 없습니다.142)

지금 다른 혹성에도 이런 게 있죠. 우리 지구에도 그렇지만 법망이 있다고 봅니다. 우리 지구에도 망사처럼 이렇게 큰 둘레로 돼 있는 법망이 있습니다. 그 법망으로 인해서 전체가 같이 이렇게 돌아가고, 바깥으로 표시가 돼 있는 것도 있다는 얘깁니다. 즉 말하자면 핏줄처럼 돼 있다는 얘깁니다. 그런데 과학자들은 이것이 어디로 해서 어떻게 나가는지 다 알지 못합니다. 법망이 보이지 않는 데 법망이거든요. 조금이나마 바깥으로 표현된 것도 천체망원경으로 봤기 때문에 표현된 거지 육안으로 그렇게 보이는 게 아니죠.143)

이 모두를 생각해 볼 때 마음공부는 필연적으로 꼭 해야만 된다고 결론지을 수 있습니다. 그런데 말입니다. 30년 만에 한 번씩 초파일이 닥치면, 초칠일이 되는 날에 관찰을 하는 데가 있습니다. 어디서 관찰을 하느냐? 이 지구에도 법망이 있고, 북극에도 법망이 있습니다. 또 우리한테도 법망이 있습니다. 그래서 이 법망을 좇아서 우리의 마음을 다 알게 돼 있습니다. 그런데 이 관찰은 '사왕천'에서 하죠. '사왕천'이라는 거는 '사'는 빼놓고, 즉 말하자면 숫자가 없는 거를 말하는 거니까 '사왕천' 하면 동서가 되죠. 사왕천을 한데 합치면 '원식'이 되는데 이 '원식'이라는 자체가 여러 가지로 쓰입니다.144)

〈그림 8-2〉 지구자기장에 의하여 차폐되는 태양풍

출처: 김형진(2004), 『빛과 우주』, 화산문화.

　대기권 밖에는 지구 전체를 둘러싸고 있는 지구자기장이 있는데, 〈그림 8-2〉에서 보는 바와 같이 하전된 입자(대부분은 양성자)를 포함하고 있는 태양풍을 막아주어서, 지구 생명체 보호에 중요한 역할을 하고 있다. 이 자기권은 태양 방향으로는 지구 반지름의 10배, 반대쪽으로는 수백 배가 된다고 한다. 태양풍은 대기권 위에서 지구를 도넛 모양으로 감싸고 있는 반 앨런대에

---

139) 대행선사(1999), 『허공을 걷는 길: 법형제회법회』, 2권, p. 927, (재)한마음선원.
140) 대행선사(1999), 『허공을 걷는 길: 법형제회법회』, 1권, p. 91, (재)한마음선원.
141) 대행선사(1999), 『허공을 걷는 길: 일반법회』, 4권, p. 96, (재)한마음 선원.
142) 대행선사(1999), 『허공을 걷는 길: 국외지원법회』, 2권, p. 662, (재)한마음선원.
143) 대행선사(1999), 『허공을 걷는 길: 정기법회』, 1권, p. 307, (재)한마음선원.
144) 대행선사(1999), 『허공을 걷는 길: 법형제회법회』, 2권, p. 1261, (재)한마음선원.

〈사진 8-2〉 노르웨이 상공의 오로라(북극광)

출처: NASA; Astronomy Picture of the Day

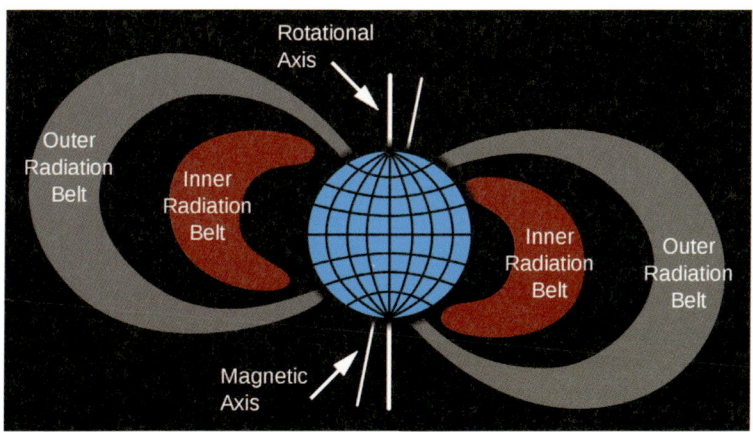

〈그림 8-3〉 반 앨런대의 단면도

출처: 한국천문연구원

갇히거나 혹은 하전입자들이 지구자력선을 따라 나선형의 궤적을 그리면서, 북극과 남극으로 이동하여 오로라를 만들어낸다.

〈사진 8-2〉는 북극광(오로라)을 보여주는 사진이다. 〈그림 8-3〉에서 보는 바와 같이 자기권에 있는 반 앨런대는 지구를 감싸며 외층·내층의 이중구조를 가지고 있는데, 지구자기장에 붙잡힌 우주선이나 태양풍에서 유래한 입자들로 구성되어 있으며 방사능이 높은 지역이다. 플레어와 같은 태양의 활발한 활동으로 발생한 태양풍은 반 앨런대의 방사능 강도에 영향을 미치며 붕괴시키기도 한다. 만약에 지구자기장이 없다면, 태양풍으로 인해 지구의 대기가 벗겨져 나가서, 생물들은 생존할 수 있는 환경을 잃어버렸을 것이다[23, 33].

지자기장은 수십만 년을 주기로 N극과 S극이 갑자기 뒤바뀌기도 하는 지자기 역전현상이 일어난다[3, 27]. 고지자기 연구에 따르면, 과거에 지자기 역전은 평균 25만 년에 한 번씩 일어났다고 하는데, 지금은 75만 년 동안은 일어나지 않았다고 한다. 이렇게 S극과 N극이 바뀌는 과정에서 약해진 지구자기장이 태양풍을 막아주는 효과가 약해짐에 따라, 지구생태계에 해로운 영향을 줄 수 있다.

특히 지자기 역전이 급격히 일어난다면 지구에 큰 재난을 초래할 수도 있다. 그러나 주된 과학계 의견은 지자기 역전이 수천만 년에 걸쳐 천천히 일어나므로 지자기 역전이 생태계에 미치는 영향이 적을 것이라는 견해가 지배적이다. 지자기 역전에 대한 큰 스님 법문을 아래에 인용한다.

> 때로는 북극이 남극이 되고, 남극이 북극이 되고 그러거든요. 왜 그럴까. 이거 한번들 생각해 보셨어요? 즉 거꾸로, 북극이 북극대로 그냥 있지 않고 남극이 남극대로 그냥 있지 않아요. 남극이 북으로 됐다가 북이 남극으로 됐다가 이렇게 돌아오거든. 그래도 그 역할을 그대로 한단 말입니다. 그래서 우리가 말을 한마디 했다 하면 벌써 이건 일초 전이 과거야. 일초 후가 미래고, 지금 말하는 요게 현실이지. 그러니까 찰나찰나 그렇게 화해서 돌아가는데 어떤 거를 글자로 똑 집어서 요건 요렇다 하고 써 놓을 수가 있겠느냐는 얘기지. 이 모두가 그렇게 돌아가는데 ….145)

태양계 행성 중에서 금성과 화성 그리고 지구의 위성인 달은 태양풍을 막아주는 자기장이 없으며, 거대가스로 구성된 목성·토성 등 외행성들은 강한 자기장을 가지고 있다. 화성은 생성 초기에는 자기장을 갖고 있었으나 자기장이 없어졌는데, 그 영향으로 화성은 대부분의 대기를 잃어버렸다. 대기가 무거운 원소로 구성된 금성은 그 대기를 잃어가고 있는 중이다. 태양계의 다른 행성들은 대기의 구성성분이 40억 년 전이나 지금이나 거의 변하지 않은 반면, 지구는 지질 활동, 바다의 형성, 생명체의 활동을 거치면서 큰 변화를 겪어왔다. 지구과학자들에 의하면 지구만큼 파란만장한 대기의 변천사를 겪은 행성은 존재하지 않는다고 한다[3]. 이와 같은 지구과학자들의 표현과 관련된 큰스님 법문을 인용한다.

---

145) 대행선사(1999), 『허공을 걷는 길: 법형제회법회』, 2권, p. 1265, (재)한마음선원.

> 큰스님 … 조금씩 거론하는 문제, 지구 안에서만이 문제가 아니라 바깥 세계의 모든 구경을 여러분이 할 수 있는 것도 그렇지만 우리 지구 안의 세계적인 개발도 역시 여러분의 마음에 달려 있으니까요. 이 지구가 황폐해서 처음 시작할 때에 지구라는 몸뚱이가 얼마나 고초를 받았는지 그것도 여러분이 생각해야 될 겁니다.146)

---

146) 대행선사(1999), 『허공을 걷는 길: 일반법회』, 2권, p. 277, (재)한마음선원.

2. 지구 내부구조

2-1. 기존 지구물리학의 꽉 찬 내부구조

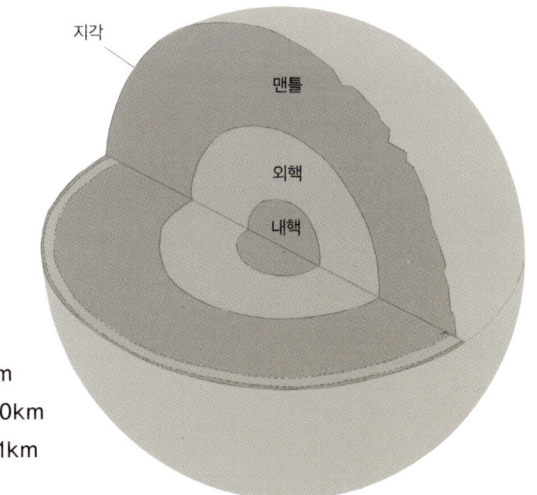

지각: 5~60km
맨틀: 60~2,900km
외핵: 2,900~5,100km
내핵: 5,100~6,371km

〈그림 8-4〉 지구의 구조

 현대 지구과학에 의하면, 지구는 내부가 꽉 찬 구형에 가까운 고체(점탄성체)이다. 지각의 밀도(2.7 g/cm³)에 비해 지구 전체의 밀도(5.5g/cm³)가 높은 것을 미루어볼 때, 지구 내부로 들어감에 따라 고밀도의 무거운 고체 및 액체로 채워져 있을 것이라고 예상된다. 지구의 평균 반지름은 6,371km로 적도반경이 극반경보다 약

간 큰, 편평률이 약 1/300인 회전 타원체이다. 고전적 구분(화학성분)에 의하면 지구의 내부구조는 〈그림 8-4〉에서 보는 바와 같이 지각, 맨틀, 핵으로 구분된다[35-39].

지각은 모호면(Moho discontinuity)을 기준으로 상부의 지각을 말하며 대륙지각과 해양지각으로 나누어진다. 전자는 두께 10~60km(평균 35km)의 화강암질 암석으로 구성되어 밀도가 $2.7g/cm^3$ 정도이며 후자는 평균 5~7km 정도의 현무암질 암석으로 구성되어 밀도가 $3.0g/cm^3$ 정도이다. 지각은 지구 전체 체적의 1% 정도를 차지하며 질량으로는 약 0.5%를 차지한다.

맨틀은 모호면에서 깊이 약 2,900km까지로, 지구 내부 부피의 약 82%, 질량은 69%를 차지하며 지각보다 더 무거운 고체 상태의 물질(철과 마그네슘이 풍부한 규산염)로 구성되어 있을 것으로 생각된다. 맨틀은 또한 상부 맨틀(~410km), 전이층(410km~660km), 하부 맨틀(660km~2,900km)로 세분할 수 있다. 지각과 맨틀은 물리적 상태(현대적 구분, 판구조론)에 의해 나누어볼 수도 있는데 암권(강한 고체), 연약권(약한 고체), 중간권(강한 고체) 삼겹구조로 세분된다[35, 36].

핵은 외핵과 내핵으로 나누어진다. 그 구성성분은 확실하지 않으나 일반적으로 철과 니켈, 코발트일 것으로 추정되고 있다. 맨틀과 외핵과 사이의 급격한 밀도변화는 규산염에서 철과 니켈로의 화학성분 변화에 기인한다는 학설과 규산염(아마 감람석)의 위상변화에 기인한다는 설이 있다[35, 36]. 외핵은 맨틀 아래에서 내핵의 경계까지(2,900㎞~5,100㎞)로 액체 상태일 것으로 추정된다. 내핵은 외핵 아래에서 지구 중심까지(5,100㎞~지구 중심)로 고체일 것으로 추정된다.

지구 표면을 파고 들어가 지구 내부를 조사하는 것은 시추 기술의 한계 때문에 불과 수 km 정도이다. 그래서 지질학자는 예상되는 지구 내부의 상태(물질, 고온, 고압환경)를 실험실에서 재현하여 실험하기도 한다.

또 다른 수단은 지진발생 시 일어난 지진파를 이용하는 방법인데, 이 지진파가 지구 내부를 통과하여 온 정보를 바탕으로 지구 내부 구조를 연구한다. 지진파의 전파속도는 매질의 밀도와 탄성에 따라 변하며, 반사와 굴절을 하므로 지구 내부를 통과하여 지표면에 도달한 지진파를 연구하면 지구 내부의 구조와 상태를 추정할 수 있다[27, 35-39]. 지진파의 종류에는 P파(종파), S파(횡파), L파(표면파)가 있다. P파(종파, 소밀파, 7~8km/s)는 물질의 밀도변화에 의해 전달되는 파로, 전파의 속도가 가장 빠르며 매질의 입자가 파의 진행 방향으로 전파하는 종파이다. P파는 고체, 액체, 기체를 통과한다. 반면에 S파(횡파, 3~4km/s)는 물질의 비틀림 상태에 의해 전달되는 파로, P파보다 속도가 느리며 매질의 입자가 파의 진행 방향에 직각으로 진동하는 횡파이다. S파는 고체만 통과하고 액체와 기체는 투과하지 못한다.

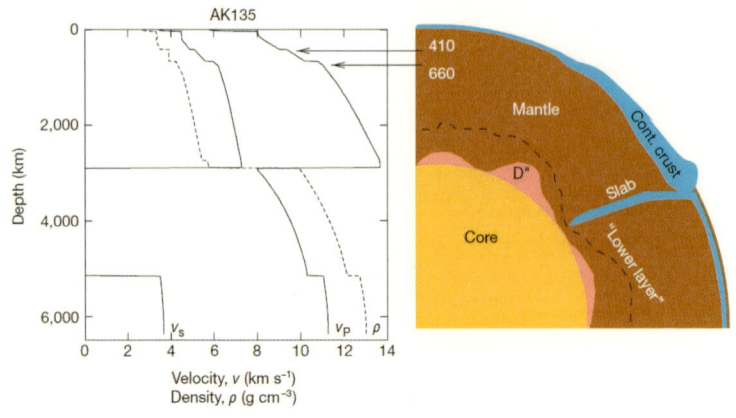

〈그림 8-5〉 지구의 깊이에 따른 지진파의 속도
　　　　　　Vp, Vs, ρ는 각각 P파, S파의 속도 및 밀도를 나타낸다.
출처: George R. Helffrich, Bernard J. Wood, "The Earth's Mantle", Nature, 412, p. 501(2001)

　L파(표면파, 3km/s)는 지구 표면을 따라 전달되는 파로, 지진파 중에서 가장 속도가 느리지만 진폭은 커서 파괴력이 크다. 〈그림 8-5〉에서 관측된 지구 깊이 변화에 따른 지진파의 속도 변화를 나타내었다[39]. 지진파의 속도가 크게 변화하는 약 60km, 410km, 660km, 2,900km, 5,100km 깊이에 있는 경계면은 각각 지각, 상부 맨틀, 전이층, 하부 맨틀, 외핵, 내핵 사이의 경계면에 해당한다. 〈그림 8-5〉에서 보는 바와 같이, P파는 지구 내부 전 영역을 통과하여 지나가나 ~2,900km 지점에서 그 속력이 거의 불연속적으로 급격히 떨어지고 있다. 특이한 점은 S파는 맨틀과 외핵의 경계면인 ~2,900km 지점에서 투과하지 못하고 있다. 기존 지구물리학에 의하면 S파는 액체를 투과하지 못하므로 외핵은 액체로 구성되어 있다는 것이다. 이 외핵은 점도가 물과 비슷한

값을 가진다[40]. 내핵은 압력이 더한층 증가함에 따라, 온도-압력 상평형도에서 고체 상태에 있을 것으로 추정되고 있다. 외핵과 내핵의 주성분은 Fe, Ni, Co이며 고온 고압상태에 있을 것으로 추정되고 있다.

2-2. 텅 빈 지구 내부구조

본 저서의 연구에 따르면, 기존 지구과학에서의 지진파 해석과 달리 S파는 액체와 기체를 통과하지 못하므로 외핵은 기체일 가능성도 배제할 수 없다는 것이다. 즉 외핵이 기체 상태에 있다면, 맨틀과 외핵의 경계면인 약 2,900km 지점에서 S파는 통과하지 못할 것이다. 또한 〈그림 8-5〉에서 보는 바와 같이, 고체(맨틀)에서 기체(외핵)상태로의 상변화에 기인하여 P파의 속도는 거의 불연속적으로 급격히 감소하고, 속도변화의 전이영역 폭도 좁으리라 예상된다. 〈그림 8-6〉에서 대행선사의 법문을 참고하여 지구 내부구조를 대략적으로 도식화하였다. 여기서 점선 부분은 대행선사가 제시한 지구 남북으로 이어진 통로 그리고 남극 옆에 있는 통로이다. 점선으로 표시된 통로 부분은 분석을 하지 못한 부분이다. 앞으로 한마음과학으로 접근해서 연구해 나가야 할 과제이다.

본 텅 빈 지구 내부구조 연구에서는 대행선사의 텅 빈 지구구조를 바탕으로 지구자기장, 지구 내부지각의 암석성분, 지구의 자유진동 등 세부적인 상태에 대해서 추론하고 정성적인 가능한 모델을 제시하였다.

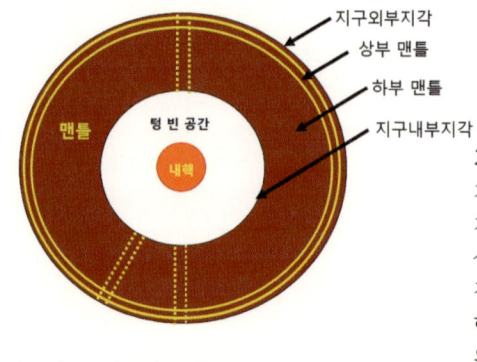

〈그림 8-6〉 지구의 구조
점선으로 나타낸 통로는 크기가 과장되어 있음

지구 표면으로부터의 깊이
지구 반지름: 6,371km
지각: 5~60km
상부 맨틀: 60km~410km
전이층: 410km~660km
하부 맨틀: 660km~2,900km
외핵: 2,900km~5,100km
내핵: 5,100km~6,371km

〈그림 8-6〉에서 보듯이, 인간의 신체에서 북극의 통로는 음식을 먹는 부분, 남극의 통로는 배설하는 부분, 남극 옆의 통로는 소변을 누는 부분, 지구 내부의 텅 빈 부분은 장기가 있는 인간 신체의 내부에 대응시킬 수 있다. 즉 선사는 "우리가 내 몸 하나 가지고 지금 모두 연구하고 마음공부 해 나가면서 알아보면 내 몸이 지구와도 같고 우주와도 같은 거죠."라고 법문을 하였는데, 텅 빈 지구 구조는 우리 인체와 유사하게 먹고, 배설하고, 분비물이 나가는 통로 그리고 위장, 대장, 소장이 있어 소통되는 구조를 가지고 있다.

대행선사의 법문에 의하면, 지구·달·태양은 텅 비어 있다는 것이다. 지구의 경우를 살펴보면, 지구 내부는 비어 있는데 북극과 남극은 지구 내부의 통로를 통해 서로 연결되어 있으며 남극 근처에 또 하나의 통로가 있다. 그리고 이 통로로 지구 내부의 압력과 온도를 조정한다고 하였다. 즉 인간의 신체가 소장, 대장이 있어 소통되듯이 지구 내부는 이와 유사한 텅 빈 구조를 통해 소통이 아주 정연하게 돼 있기 때문에, 지구가 너무 팽창되지도 않고 너무 타버리지도 않게끔 된다는 것이다. 아래에 텅 빈 지구와 달의 구조에 대한 대행선사 법문을 인용한다.

가만히 보니까 남극이고 북극이고, 만년설이 무지하게 많아요. 그리고 이게 북극에서 남극으로 통로가 돼 있다면은 남극 바로 옆에, 아래 옆에 또 통로가 하나가 있거든요. 그것은 그 분비물이 다 나가게 할 수 있는 그런 자리라고 봅니다. 그렇다면 지구는 비었죠. 지구가 비었다고 볼 수 있죠. 사람도 소장이 있고 대장이 있고 그렇게 해서 소통이 되듯이, 우리가 보통 상식으로는 비었는지 차 있는지 그걸 모르겠지만 이 마음공부를 열심히 해보면 그것이 다 나타나 있습니다. 달도 비어 있지만 양극이 크게 구멍이 나서 연결이 되니까 양쪽으로 들이고 내고 하는 그 소통이 아주 정연하게 돼 있기 때문에, 너무 팽창되지도 않고 너무 타 버리지도 않게끔 되는 것입니다. 이렇게 소통이 잘되고 수명이 길게 되고 짧게 되는 것도 이 모두가 우리의 마음에 달려 있다 이겁니다. 그것은 전체 우리 마음이 은하계에 결부돼 있기 때문입니다. 내가 여러분에게 옛날에 이런 얘길 했다면 '저 스님 왜 저래.' 이럴까 봐 안 한 겁니다. 십 년 전에도 내가 한마디 웃으면서 한 얘기가 있죠. "야, 지구도 비었어. 달도 비었어. 모두가 그러기 때문에 우리가 차 있다고 생각을 한다면 큰 오산이야" 라고요.147)

> 내가 여러분에게, 달이 위에 있는 게 아니라 땅속에 있다고 한다면은 여러분이 거기까지 이해를 못해서 저이 미쳤다고, 만날 남이 못 알아듣는 말만 한다고 이럴까 봐, 여러분 자신이 스스로 알게끔 하기 위해서 거기까지 끌고 가는 겁니다. 지금.[148)
>
> 그것뿐만 아니죠? 역시 놀려면 쪼끄만 물에서 놀아서도 아니 되고 큰 물에서 놀면 잘된다 이런 것이 아니라 큰 물 작은 물이 있다면 종합해서 큰 물이 있고 이러니 우리는 마음을 좀 더 넓혀서…. 밥이나 놓고 떡이나 놓고 비는, 방생이나 하러 다니는 그러한 종교가 종교가 아니라 광대무변한 이 법이 바로 내가 이 집을 지어 놓고 정원을 만들고, 자식들을 낳고 바로 이렇게 가정을 이루고 사는 것이로구나. 우리 가정 하나가 대천세계라면, 또 우리 가정 하나가 한 지구 덩어리라면 문을 어디로 낼까, 어디로 낼까 하더니 북극으로도 내고 남극으로도 내고, 이렇게 해서 우리는 북극 남극, 세 군데로 문이 있는데 한 문은 모두 그것을 모른다 이거야. 왜? 물속으로 돼 있기 때문에.[149)

텅 빈 지구의 내부구조에 대한 논문은 필자가 2002년 한마음과학원에 제출하였다. 큰스님께서 2002년 제출한, 필자가 쓴 논문을 살펴보시고 한 군데가 틀렸다고 하셨는데, 필자에게는 오랫동안 풀어야 의문점이었다. 물론 다른 잘못된 부분도 많이 있으리라 생각된다. 후학들이 연구하고 틀린 부분을 수정해 주신다면 필자로서는 정말 감사할 일이다.

---

147) 대행선사(1999), 『허공을 걷는 길: 법형제회법회』, 2권, p. 931, (재)한마음선원.
148) 대행선사(1999), 『허공을 걷는 길: 정기법회』, 1권, p. 130, (재)한마음선원.
149) 대행선사(1999), 『허공을 걷는 길: 일반법회』, 2권, p. 126, (재)한마음선원.

'투명한 밝음…' 스님께서는 목성에 대한 법문에서 "목성은 낮과 밤이 없고 투명한 밝음으로 스스로를 밝힌다."라고 하셨다. 자주 되풀이해서 읽어보았던 법문이지만 필자는 거저 보석 같거니 하고 그냥 지나치고 잊어버리고 있었다. 이번에 글을 쓰다 보니, 전에 말씀드린 큰스님을 워싱턴지원 대법회 때 뵈었던 느낌을 글로 표현하고자 시도해 보게 되었다. 느낌이란 그냥 전해 오는 직관적 감각이지, 글로 표현한다는 것이 얼마나 오해를 가져오고 한계가 있는 시도인가? 수정 같은 투명함? 화려하게 휘황찬란하지도 않고 은은히 빛나는 느낌? 필자는 생각 끝에 '투명한 밝음'이라는 표현으로 정리하였다. 필자의 지인이 투명하다면 맑음이 아니냐고 주장했지만 '투명한 밝음'이었다. 이번에 태양계 법문을 정리하면서, 목성에 대한 법문을 다시 읽다가 스님의 '투명한 밝음'으로 표현한 단어에 공감하고 다소 놀라기도 하였다. 2002년 제출한 필자의 논문(2002년) '텅 빈 지구의 내부구조'에서 필자는 지구 내부가 우리가 살고 있는 지구 표면에서처럼 낮과 밤이 있으리라 고정된 개념으로 추정하였다. 사실상 지구 내핵이 내부 달과 같은 역할을 하는 텅 빈 지구 구조로 미루어볼 때, 지구 내부에 낮과 밤이 있을 필연적인 이유는 없다. 약 20년 전 이 논문을 쓸 때도 목성과 같이 지구 내부도 낮과 밤이 없는 것이 아닌가 하고 고민했던 부분이기도 하다.

2002년 한마음과학원에 제출한 논문에서 필자는 내핵이 태양과 같은 고밀도 열원(기체)일 가능성에 중점을 두고 분석하였다. 그러나 지구 핵은 지구 전체 질량의 약 30%를 차지하고 있으며, 또

한 큰스님께서 "지구 내부에 달이 있다."라고 설법하셨는데, 지구 내핵의 크기는 달의 크기와 비슷하다. 이런 점들을 미루어볼 때, 내핵은 고체일 가능성이 많다고 생각된다. 이 부분이 스님께서 필자의 논문 중에서 한 군데가 틀렸다고 지적하신 부분이 아닐까 생각된다. 선사께서는 아래에 인용한 법문에서 "지구 안에도 혹성이 또 생길 수도 있어서, 집이 또 생길 수 있어서…"라고 설법하셨다. 그러므로 지구 내핵이 고체라고 가정하고, 텅 빈 지구 내부 중력장을 정성적으로 분석해 본다면, 지구 내부의 텅 빈 공간에서는 내핵으로 가까이 감에 따라 중력장이 증가하고 내핵 안쪽에서는 직선으로 중력이 감소하리라 예상된다. 따라서 지구를 우리가 살고 있는 집에 비유하여 볼 수 있다. 즉 〈그림 8-6〉에서 보는 바와 같이 지구 표면은 지붕, 지구 내부지각은 천정 그리고 지구 내핵 표면은 우리가 발을 딛고 있는 바닥에 해당한다.

> 예를 들어서 이 지구가 아무 때라도 멸한다고 하지마는 그건 우리 마음에 달려 있어. 우리가 이 지구의 주인이기 때문이에요. 의미가 너무도 많아요, 없는 게 아니라. 너무도 당연히 우리는 있어야 할 존재인 거고, 해야 할 존재가 바로 우리들입니다. 우리가 한 생각을 잘못하면 지구가 멸망할 수도 있고 한 생각을 잘하면 지구가 잘 순탄하게 갈 수도 있는 반면에, 지구 안에도 혹성이 또 생길 수도 있어서, 집이 또 생길 수 있어서, 우리 생명들이 또 위대하게 살 수 있는 그런 집이 또 하나 생길는지도 모르죠. 저 북극 쪽으로 말이에요. 그것을 개발할 수 있는 그 정신력을 가진 것도 우리가 인간이기 때문이죠.[150]

그럼 지구 안에서도 지금 어디에 우리 같은 사람이 또 사는지 그것도 모르잖아요? 겉으로 보기에는 둥그런 거 그냥 모두가 돌아가면서 나타나고 있지만, 그게 아니에요.[151]

2014년 Pearson et al.(2014)의 발표된 연구에 따르면, 지구의 상부 맨틀과 하부 맨틀 경계인 맨틀 전이대(410km~660km) 사이에 감람석의 일종인 Ringwoodite[152]에 지구 표면 바다의 양에 해당하는 엄청난 물이 존재할 가능성이 있다고 한다[41]. 이 Pearson et al.(2014)의 지구과학 연구와 관련 있는 대행선사의 법문을 아래에서 인용한다. 이 법문에서 선사는 "몇 층 아래는 망으로 돼 있고 또 젖같이 끈적끈적한 대로 돼 있다." 그리고 "거죽에서는 그렇지마는 이것이 물로 차 있는 데가 있습니다."라고 하였다.

땅도 살아 있고 땅도 생각이 있고. 그래서 이 땅도 망이 쳐져 있습니다. 땅속으로 이렇게 망이 쳐져 있다는 것은 꼭 아셔야 합니다. 그건 왜냐? 법망입니다, 그게. 이 인간도 전부 세포가 있죠? 그것이 바로 우리에게도 법망입니다. 바깥에서 아무거나 들어오지 못하게 하고 안에서도 아무거나 들어와서 받지 못하게 하고, 그리고 어떠한 일이라도 잘못되는 걸 막아 돌아가는 거죠. 이 세포가 다 그렇게 돼 있는 거죠. 거미줄 얽히듯 했으니까요.

---

150) 대행선사(1999), 『허공을 걷는 길: 일반법회』, 1권, p. 273, (재)한마음선원.
151) 대행선사(1999), 『허공을 걷는 길: 정기법회』, 2권, p. 38, (재)한마음선원.
152) a high-pressure phase of Mg2SiO4 (magnesium silicate)
153) 대행선사(1999), 『허공을 걷는 길: 국외지원법회』, 3권, p. 1844, (재)한마음선원.

> 이 지구에도 그렇게 돼 있죠. 그렇듯이 땅에도 그렇게 망이 돼
> 있습니다. 몇 층 아래는 망으로 돼 있고 또 젖같이 끈적끈적한
> 대로 돼 있는 그 자체가 바로 우리들의 마음의 근본입니다. 근본
> 에서 나오는 에너지입니다.153)
>
> 나는 어떤 때는 이런 걸 생각해 봅니다. '야, 이 지구가 어떻게
> 생겼다고 보느냐. 과학자들은 잘 알겠지.' 하고선 생각해 볼 때가
> 있습니다. 그러나 '아하, 과학자들도 섬세하게 따질 수는 없겠구
> 나. 왜냐하면 물론 물체가 있는 것은 있되 금방 여기 있다 금방
> 돌아서 …(중략)… 아주 얇은 껍데기건만도 32킬로나 나갈 정도
> 란 말입니다. 그러면 그 껍데기의 전체로 따진다면 오천백 한 사
> 십 킬로 이렇게 나가겠죠. 이런다면 그 부피가 얼만가 말입니다.
> 거죽에서는 그렇지마는 이것이 물로 차 있는 데가 있습니다.154)

현대 지구물리학에 의하면, 지자기의 원인으로는 영구 자화설, 다이나모설 등이 있다. 지자기의 원인으로 다이나모설이 유력한데, 지자기는 철·니켈이 주성분인 액체 상태의 지구 외핵의 유동에 의해 발생한 전류에 기인한다는 설이다. 다이나모설을 기반으로 지구자기장과 지구 회전축의 불일치, 지구자기장 이동현상, 지자기 역전현상 등을 설명하여 왔다. 하지만 외핵이 텅 빈 지구 내부구조를 바탕으로 정성적으로 분석해 볼 때, 지구자기장은 하부 맨틀 혹은 지구 내핵에 기인할 것이라고 예상된다. 즉 현대 지구과학에서 관측된 지구자기장의 방향과 지구의 회전축이 일치하지

---

154) 대행선사(1999), 『허공을 걷는 길: 일반법회』, 2권, p. 117, (재)한마음선원.

않고, 지구자기장의 북극과 남극의 방향이 이동하는 현상으로 미루어볼 때 지구자기장은 내핵에 기인할 가능성이 높다.

현대 지구물리학에서 발표한 내핵에 대한 연구를 살펴보면155), 지구 내핵과 맨틀은 회전속도가 서로 다르며, 지진파의 전파속도가 적도 및 양극 방향에 따라 다른 현상이 발견되고 있다[42-52]. 기존 연구에 의하면 지구 내핵과 맨틀의 회전속도 차이는 유체상태의 지구 외핵의 대류에 의한 효과로 추정되고 있다[42-46]. 그리고 지진파의 전파속도가 적도 방향과 양극 방향에 따라 다른 원인은 내핵 내에서 결정화된 철의 결정 방향의 이방성(anisotropy) 혹은 탄성적 성질(elasticity)의 이방성에 기인한다는 등 연구결과가 발표되었다[47-52]. Creager(1997)에 의하면 이와 같은 내핵의 철 결정배열은 서반구와 동반구가 다른 결정배열을 하고 있다고 한다[42]. 그리고 Vidale et al.(2000)에 의하면, 시베리아 핵실험 시 발생한 지진파 분석 자료는 지구의 회전축에 대하여 내핵의 회전축이 기울어져 있음을 암시한다. 이는 맨틀과 내핵 사이가 액체인 외핵으로 채워져 있다고 가정한, 기존 지구물리학 관점에서 본 핵의 역학적 측면에서는 이해하기가 힘든 현상이다[44].

그러나 지구 맨틀과 내핵 사이가 텅 빈 공간이라면 지구 맨틀과

---

155) 최근에 발표된 Joanne Stephenson et al.(2020)의 연구에 의하면, 지구 내핵(inner core)은 내핵 속에 또 다른 내핵(내 내핵: innermost inner core)이 있는 이중구조로 되어 있는데, 내 내핵(innermost inner core) 안의 철 결정체는 동에서 서쪽으로 향하지만 내핵(inner core) 안의 철 결정체는 북에서 남쪽으로 향하고 있다고 발표하였다.

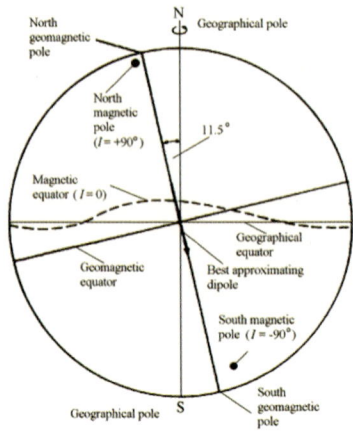

<그림 8-7> 지구자기장의 방향

내핵이 회전축을 공유하지 않고 독립적으로 회전한다는 최근 지구물리학의 예측은 예상될 수 있는 결과이다. 즉 지구의 내핵 속도가 맨틀 속도보다 빠른 원인은 텅 빈 공간 내에서 각각 독립적으로 회전하고 있는 내핵과 맨틀을 고려할 때 역학적으로 가능하리라 보인다. 만일 지자기의 원인이 내핵의 자기적 성질에 있다면, 지구자기장 방향은 지구 회전축과 반드시 일치하지는 않을 것으로 예상된

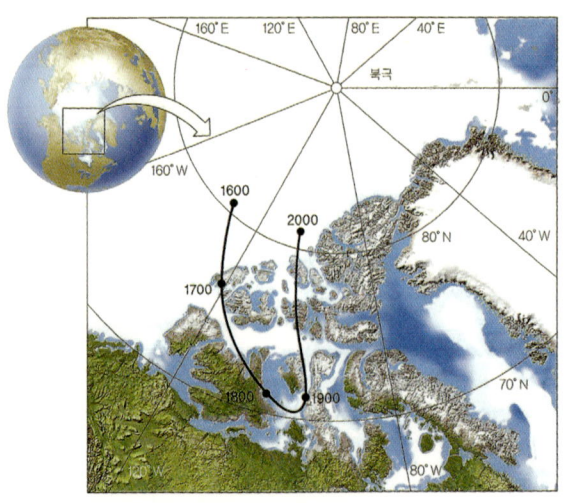

<그림 8-8a> 지구자기장의 이동
출처: John Grotzinger et al.(2009) 『지구의 이해』, 시그마프레스.

다. 〈그림 8-7〉에서 보는 바와 같이, 지구 쌍극자(dipole moment) 모형을 이용하여 계산한 지자극(geomagnetic pole)의 방향은 지구 회전축(geographical pole)에 대하여 약 11.5° 정도 기울어져 있다[38].

지자극(geomagnetic pole)의 위치는 자극(magnetic pole)에 비해 느리지만 변하고 있다. 2020년 발표된 Livermore et al.의 연구에 따르면 유동성 맨틀과 회전하는 지구 핵(core)은 자북(north magnetic pole)의 위치에 영향을 미치는데, 현재는 시베리아 쪽의 자기장 세기가 캐나다 쪽의 자기장보다 크기 때문에 자북(north magnetic pole)은 캐나다에서 시베리아 쪽으로 이동 중이다[53, 54].

〈그림 8-8a〉와 〈그림 8-8b〉는 지난 수백 년간의 지구자기장 이동현상을 보여주는데, 1600년 이후 캐나다 쪽으로 이동하다가 유턴하여 1900년 이후로는 시베리아 쪽으로 이동하고 있다.

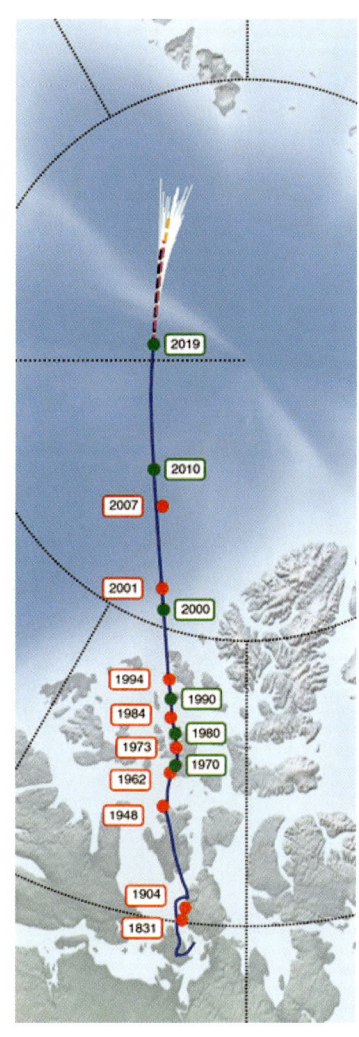

〈그림 8-8b〉 지구자기장의 이동
출처: Philip W. Livermore et al., Nature Geoscience, 13, p. 387.

하지만 본 저서에서 주장하는 바와 같이 지구 내핵이 자기적 성질을 가지고 있다면, 내핵의 구조 및 세차운동의 가능성을 포함한 회전에 의한 효과로 지구자기장 방향이 이동할 가능성을 검토할 필요가 있다고 생각한다. 그리고 지구자기장은 지자극의 이동현상과 더불어 수십만 년을 주기로 N극과 S극이 갑자기 뒤바뀌기도 하는 지자기 역전현상이 일어난다. 고지자기 연구에 따르면, 과거에 지자기 역전은 평균 25만 년에 한 번씩 일어났다고 하는데, 이 지자기 역전현상 역시 회전하고 있는 지구 내핵이 원인일 가능성이 있다. 이 지자기 역전에 대한 내핵의 구조와 회전의 연관성 연구가 한마음과학 연구과제이다. 아래에 지자기 역전에 대한 대행선사 법문을 인용한다.

> 때로는 북극이 남극이 되고, 남극이 북극이 되고 그러거든요. 왜 그럴까. 이거 한번들 생각해 보셨어요? 즉 거꾸로, 북극이 북극대로 그냥 있지 않고 남극이 남극대로 그냥 있지 않아요. 남극이 북으로 됐다가 북이 남극으로 됐다가 이렇게 돌아오거든. 그래도 그 역할을 그대로 한단 말입니다. 그래서 우리가 말을 한마디했다 하면 벌써 이건 일초 전이 과거야. 일초 후가 미래고, 지금 말하는 요게 현실이지. 그러니까 찰나찰나 그렇게 화해서 돌아가는데 어떤 거를 글자로 똑 집어서 요건 요렇다 하고 써 놓을 수가 있겠느냐는 얘기지. 이 모두가 그렇게 돌아가는데…. [156]

---

156) 대행선사(1999), 『허공을 걷는 길: 법형제회법회』, 2권, p. 1265, (재)한마음선원.

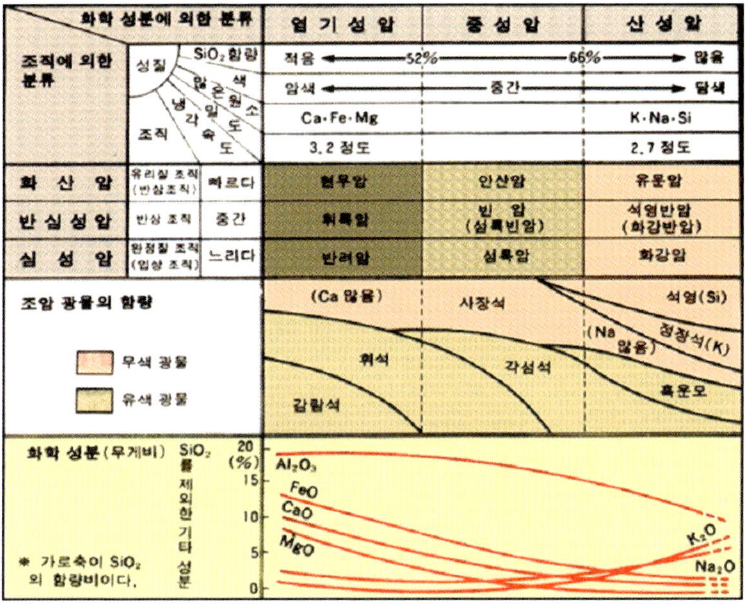

<그림 8-9> 화학성분과 냉각속도(암석의 조직)에 따른 화성암의 분류

    기존 행성 형성이론에 의하면 가벼운 Si가 주성분인 규산염광물은 지구 표면에, 무거운 철·니켈 등은 지구 중심 쪽에 분포하는 경향이 있다[4-9]. 이와 같은 관점에서 볼 때 지구 내부지각 근처에서의 암석의 화학성분은 석영(SiO_2) 함유량이 극히 희박하고 철과 같은 무거운 원소를 다량 함유하는 초염기성 암석일 것이다. 또한 지구 내부지각이 지구의 빈 공간에 접해 있으므로 이 암석은 급속히 냉각하여 고결된 화산암일 가능성이 높다. 즉 <그림 8-9>에서 보이는 초염기성암이면서 화산암에 해당하는 암석은 지구 내부 지각에서 발견될 가능성이 많다. 석영(SiO_2) 함유량이 45% 이하이고 철과 마그네슘(Mg)을 다량 함유하면서 급격히

냉각하여 고결된, 초염기성암이면서 동시에 화산암으로 분류되는 암석은 현재 지구지각에서는 거의 발견되지 않았다. 예를 들어 다량의 마그네슘을 포함하지만 소듐(Na)과 포타슘(K)을 거의 포함하지 않는 코마타이트는 희귀한 광물이다. 그래서 초염기성암이면서 화산암에 해당하는 암석의 공학적인 측면에서의 응용을 포함하여 지구 내부지각에 대한 연구가 한마음과학 연구과제로 남아 있다.

1960년 칠레 대지진처럼 큰 규모의 지진이 일어나면, 지구가 종이 울리는 것처럼 수일 내지 수 주간에 걸쳐서 지구 전체에서 자유진동이 일어난다. Nishida et al.(2000)에 의하면 지진파 관측 자료는 지진이 일어나지 않는 기간 중에도 자유진동은 지구 전체에서 끊임없이 일어나고 있으며 계절의 영향을 받는다는 것을 암시한다[55-57]. 그들은 지구대기와 지구와의 상호작용에 의한 공명으로 자유진동 현상을 설명하여 왔다. 그러나 만일 지구 내부가 비었다면 지진파의 영향으로 지구 내부의 비어 있는 공간 내에서 정상파가 형성될 것으로 예상된다. 즉 자유진동의 구상 모드(spheroidal mode)는 지구 내부 빈 공간과 맨틀의 물성에 의하여 결정될 것이다. 마치 종을 쳤을 때와 유사하게 탄성파는 지구 전체로 퍼져 나가며 그 떨림은 장기간 계속될 것으로 예상된다. 지구의 텅 빈 공간에 의한 공명현상 연구가 한마음과학으로 접근하여 연구해 나가야 할 과제이다.

3. 텅 빈 달의 내부구조

2011년 NASA에서 재분석한 달의 지진파 데이터를 중심으로 텅 빈 달의 구조를 살펴본다.

〈그림 8-10〉 달의 구조
출처: Renee Weber et al., "Seismic Detection of the Lunar Core", Science, 331, p. 309(2011)

달의 지름은 지구 지름의 약 $\frac{1}{4}$인 3,474km이다. 〈그림 8-10〉에서 보는 바와 같이, NASA의 Renee Weber et al.(2011) 연구자들에 의한 연구에 따르면, 달의 구조는 달의 중심에서 내핵(solid inner core)까지의 반지름은 240km, 외핵(fluid outercore)까지의 반지름은 330km으로 외핵이 핵 부피의 약 60%를 차지하고 있다.

그리고 반지름 480km까지는 핵 주위를 부분적으로 용융되어 있는 맨틀(partial melt layer)이 감싸고 있다[58, 59]. Mark Wieczorek et al.(2006)의 연구에 의하면 달의 맨틀은 상부(upper mantle), 중간(middle mantle), 하부 맨틀(lower mantle)로 이루어지며, 달의 중간 맨틀(middle mantle) 영역에서 지진(Deep Moonquake)이 일어난다[60]. 달의 구조에 대한 현대 천체물리학 연구를 요약하면, 달의 지각은 지구로 향한 부분(near side)보다 지구에서 먼 부분(far side)이 더 두꺼운 지각을 가지고 있는데, 지각의 두께는 약 30km~60km이다. 지각 아래에는 규산염이 주성분인 고체 상태에 있는 상부 맨틀, 반고체 상태인 하부 맨틀, 철이 많은 액체 상태인 외핵 그리고 철이 많은 고체 상태의 내핵으로 구성되어 있다.

〈그림 8-11〉은 NASA에서 측정한 달의 지진파 데이터를 나타낸다. P파는 달의 내부를 통과하여 지나가지만 반면에 S파는 달의 중심으로부터 측정한 480km지점인 부분적으로 용융되어 있는 맨틀(partial melt layer)영역에서 속력이 줄어들다가, 하부 맨틀과 외핵의 경계면인 약 330km 지점에서 통과하지 못하고 속력이 0이 되는 것을 보여주고 있다. 즉 기존 천체물리학에 의하면, 달의 내부를 P파(고체, 액체, 기체, 모두 다 통과)는 통과하지만 S파(고체만 통과하고 액체와 기체는 통과하지 못함)는 외핵(R: 240km~330km)을 통과하지 못하고 있으므로 외핵은 액체 상태에 있는 것으로 추정된다.

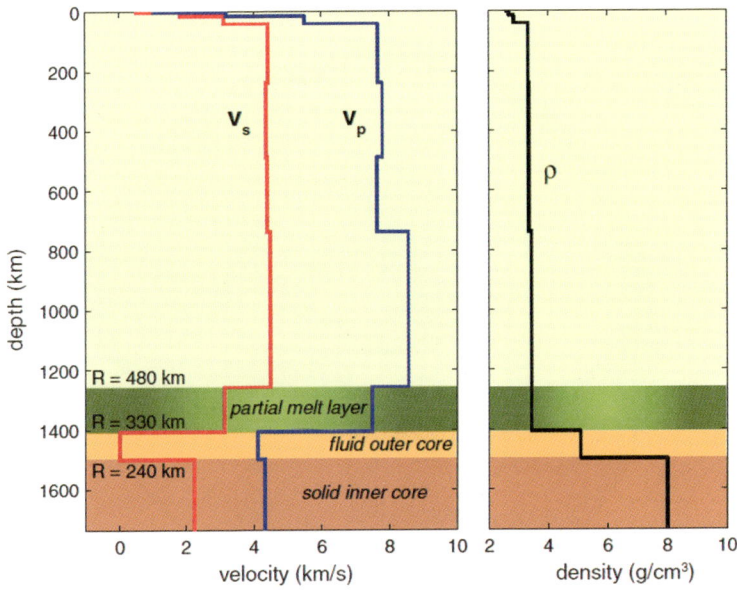

〈그림 8-11〉 달의 깊이에 따른 지진파의 속도
　　　　　　Vp, Vs, ρ는 각각 P파, S파의 속도 및 밀도를 나타낸다.
출처: Renee Weber et al., "Seismic Detection of the Lunar Core", Science, 331, p. 309(2011)

그러나 앞장에서의 지구 내부구조에 대한 연구를 바탕으로 분석하면, S파는 기체도 통과하지 못하므로 여러 연구자들에 의하여 액체 상태에 있다고 분석된 외핵은 텅 비어서 기체로 채워 있을 가능성이 많다고 생각된다.

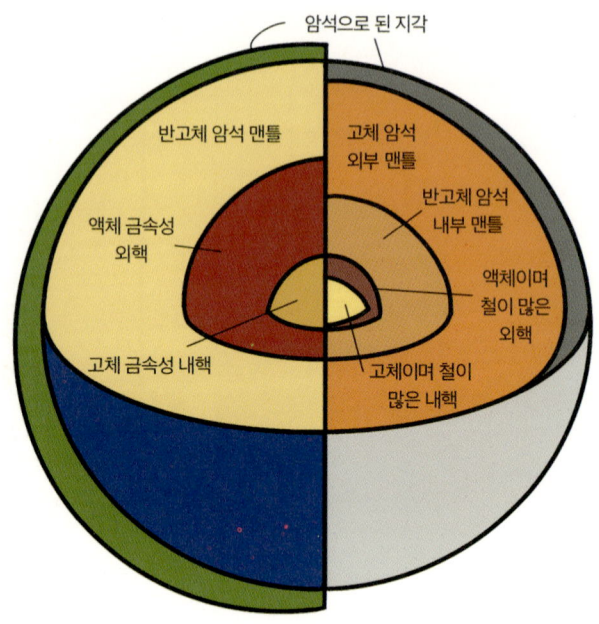

〈그림 8-12〉 지구(좌)와 달(우)의 구조 비교

요약하면, 〈그림 8-12〉는 지구와 달의 구조를 비교한 것으로 비슷한 양파껍질 구조를 보여주고 있다[4]. 앞장에서 인용한 법문에서 대행선사는 지구와 같이 달의 내부도 비어 있다고 설법하였는데, 지구와 달의 외핵에 해당하는 영역이 비어 있다는 것이 본 저술에서 주장하는 핵심이다. 이와 같은 텅 빈 달의 구조를 바탕으로 달의 자기장, 달 내핵의 회전 가능성 등과 같은 달의 역동적 구조는 향후 연구가 더 필요하다.

| 나가는 말 |

　과학사를 되돌아보면 고전역학(Classical Mechanics)은 아리스토텔레스가 기술한 물체의 운동에 그 출발점을 두고 있다고 하겠다. 예를 들어, 일반물리학 교과서에서는 고전역학의 설명을 시작할 때 '무거운 물체가 가벼운 물체보다 빨리 떨어진다.'고 하는 아리스토텔레스의 설명을 먼저 언급한다. 아리스토텔레스의 잘못된 설명은 유명한 갈릴레오의 피사의 사탑에서 행해진 실험을 통해 물체는 무게에 상관없이 동시에 떨어진다는 것이 실험으로 확인되었고, 케플러는 티코 브라헤의 광범위한 천문관측 데이터를 기반으로 행성이 태양 주위로 운행하는 운동법칙을 발견하였다. 그리고 뉴턴이 앞서간 거인들의 발견을 기반으로 행성운동의 기본 원리인 만유인력법칙을 발견하였다. 뉴턴은 만유인력법칙과 함께 물체의 세 가지 운동법칙을 더하여 고전역학을 이론적으로 기본 틀을 세우게 된다. 그리고 현대에 와서 아인슈타인이 상대성이론을 통하여 뉴턴의 운동법칙을 상대성이론 특수한 조건(물체의 속력이 아주 느린 경우)에서만 성립하는 이론으로 통합하고, 시간·공간·물질이 서로 독립적이 아니고 연관되어 있음을 밝히면서, 길고 긴 과정을 거쳐 온 고전역학을 완성하게 된다. 물론 비슷한 시기에 양자역학이라는 새로운 현대물리학이 탄생한다. 돌이켜보면 고전역학의 출발점은 틀린 설명이었지만 아리스토텔레스의 물체의 운동에 대한 '왜?' 하는 의문과 지금의 과학적 관점에서

보면 유치해 보이는 설명이었다. 사실상 상대성이론이나 양자물리학 등 현대물리학은 물리적 현상을 설명할 뿐이지, '왜?'라는 의문에 답하지 못한다. 한마음과학을 연구하는 우리도 별반 다르지 않으리라 생각한다. 수없는 시행착오와 수정이 있으리라 생각된다.

하지만 그 출발점은 주인공이다. 현상계(물질세계)와 절대계(비물질세계)를 하나로 통합하여 보는 불교와 동양사상과는 다르게, 서양학문은 현상계(물질세계)와 절대계(비물질세계)로 나누어, 과학은 현상계(물질세계)를 다루며 절대계는 종교·철학에서 다루는 영역으로 이해하여 왔다. 절대계는 한마음, 주인공, 참나, 열반, 부처, 성령, 양심, 아트만, 이데아 등 다양한 이름으로 표현되어 왔다. 한마음과학은 절대계인 주인공 자리에 현상계의 만법을 들이고 내는, 절대계와 현상계를 아우르는 과학이다. ―무의 세계 50%, 유의 세계 50%― 대행선사는 '끊임없이 나투며 돌아가니 공이다.'라고 설법하신 바가 있다. 즉 모든 물질과 에너지는 주인공으로부터 나오는 활용이다.

본 저서에서는 우주에서부터 은하계, 블랙홀, 별, 태양계, 지구에 이르기까지 대행선사의 과학법문을 현대과학 관점에서 살펴보았다. 나아가 대행선사가 설하신 우주에 대한 과학법문을 현대과학으로 설명되는 부분과 현대과학이 모르는 부분으로 정리하고 한마음과학의 연구방향과 연구주제를 제시하였다. 과학법문에 흐르는 큰스님의 가르침을 요약하자면, 우주와 나는 주인공과 하나로 연결되어 있으며 우주 전체는 주인공의 작용이다. 즉 우주의 원리와 설계도는 주인공 자리에 갖추어져 있으며, 주인공에 중심을 두고 만법을 주인공에 들이고 내면서 현상계에서 공생·공심·공용·공식·공체로 살아가는 영원한 보살도의 길, 허공을 걷는 길이 대행선사가 설법하신 핵심도리이다.

참고 문헌

[1] 임마누엘 칸트(2002), 『별이 총총한 하늘 아래 약동하는자유』, 빌헬름 바이셰델 엮음, 이학사, p. 105.
[2] 데이비드 크리스천(2013), 『시간의 지도』, 심산출판사, p. 164.
[3] 데이비드 버코비치(2017), 『모든 것의 기원』, 책세상.
[4] 에릭 체이슨, 스티브 맥밀런(2016), 『Astronomy』, 최승언 외 옮김, 시그마프레스.
[5] 김형진(2004), 『빛과 우주』, 화산문화.
[6] Andrew Fraknoi, David Morrison, Sidney Wolf(1998), 『우주로의 여행』, 청범.
[7] Jeffrey Bennett et. al.(2015), 『우주의 본질』, 김용기 외 옮김, 시그마프레스.
[8] Michael Zeilik et al.(2010), 『Astronomy & Astrophysics』, 강혜성 외 옮김.
[9] Bradly W. Carroll, Dale A. Ostile(2007), 『현대천체물리학』, 강영운 외 옮김.
[10] 마샤 바투시액(2015), 『블랙홀의 사생활』, 이충호 옮김, 지상의 책, p. 282.
[11] 김충섭(2014), 『블랙홀은 과연 블랙인가』, 사이언스갤러리, chap. 5.
[12] 스티븐 호킹(1998), 『시간의 역사』, 까치, p. 134.
[13] 우종학(2009), 『블랙홀교향곡』, 동녘사이언스, p. 180.
[14] 우종학(2019), 『블랙홀 강의』, 김영사, p. 231.
[15] 짐 알칼릴리(2003), 『블랙홀 교실』, 사이언스 북스, chap. 8.
[16] 프리초프 카프라(2012), 『현대물리학과 동양사상』, 범양사, p. 271.
[17] 게어리 주커브(1979), 『춤추는 물리』, 범양사.
[18] 양형진, 『물리학을 통해 보는 불교의 중심 사상』, 물리학과 첨단기술(한국 물리학회지), 2001년 1/2월호.
[19] 김성구, 조용길(2006), 『현대물리학으로 풀어본 반야심경』, 불광.
[20] 폴 파슨스(2012), 『블랙홀에서 살아남는 법』, 미래인, chap. 29.
[21] Lamoreaux, S. K.(1997), Physical Review Letters, 78, 5.
[22] 혜교(2019), 『묘공 대행의 '한마음주인공' 사상 연구』, 동국대학교 대학원 불교학과, p. 176.
[23] Newton Highlight, (주)뉴턴사이언스.
[24] Elske P. Smith, Kenneth C. Jacobs(1973), 『Introductory Astronomy and Astrophysics』, W. B. Saunders Company.
[25] Neil Tyson(2017), 『블랙홀 옆에서』, 박병철 옮김, 사이언스북스, pp. 237-314.
[26] Tom Head(2016), 『Conversation with Carl Sagan』, 김명남 옮김, 마음산책, p. 131.
[27] John Grotzinger, Thomas Jordan, Frank Press, Raymond Siever(2009), 『지구의 이해』, 조석주 외 옮김, 시그마프레스, pp. 2-23, 286-321, 386-413.

[28] 민영기(2012), 『우주개발탐사 어디까지 갈 것인가』, 일진사.
[29] 와타나베 쥰이치 외(2017), 『태양계와 행성』, 지성사, p. 86.
[30] Scientific American 편집부(2018), 『화성탐사』, 이동훈 옮김, 한림사.
[31] 자일스 스패로(2015), 『화성』, 서정아 옮김, 허니와이즈.
[32] 앤 드루얀(2020), 『코스모스 가능한 세계들』, 김명남 옮김, 사이언스북스.
[33] 태양계와 지구(2013), 과학동아 편집부, 과학동아북스.
[34] 김범영(2017), 『지구의 대기와 기후변화』, 학진북스.
[35] Robert J. Lillie(2001), 『알기 쉬운 지구 물리학』, 김기영, 김영화 편역, 시그마프레스.
[36] 김성균(1996), 『고체지구물리학』, 교학연구사.
[37] 최진범, 조현구, 좌용주, 손영관, 김우한, 김순오(2009), 『지구라는 행성』, 이지북, p. 94,174.
[38] 한국지구과학회(1997), 『지구과학개론』, 박수인 편집, 교학연구사, pp. 60-91, 360-387.
[39] George R. Helffrich, Bernard J. Wood(2001), "The Earth's Mantle", Nature, 412, p. 501.
[40] 다케우치 히토시(1979), 『지구란 무엇인가』, 전파과학사.
[41] D. G. Pearson, F. E. Brenker, F. Nestola, J. McNeill, L. Nasdala, M. T. Hutchison, S. Matveev, K. Mather, G. Silversmitz, B. Vekemans, L. Vincze(2014), "Hydrous mantle transition zone indicated by Ringwoodite included within diamond", Nature, 507, p. 221.
[42] Kenneth C. Creager(1997), "Inner Core Rotation Rate from Small-Scale Heterogeneity and Time-Varying Travel Times", Science, 278, p. 1284.
[43] F. A. Dahlen(1999), "Latest spin on the core", Nature, 26, p. 402.
[44] Henri-Claude Nataf(2000), "Inner core takes another turn", Nature, 405, p. 411.
[45] John E. Vidale, Doug A. Dodge & Paul S. Earle(2000), "Slow differential rotation of the Earth's inner core indicated by temporal changes in scattering", Nature, 405, p. 445.
[46] Xiaoxia Xu and Xiaodong Song(2003), "Evidence for inner core super-rotation from time-dependent differential PKP traveltimes observed at Beijing Seismic Network", Geophys. J. Int., 152, p. 509.
[47] Andrew Jephcoat and Keith Refson(2001), "Core beliefs", Nature, 413, p.
[48] S. C. Singh, J. P. Montagner(1999), "Anisotropy of iron in the Earth's inner core", Nature, 400, p. 629.
[49] S. C. Singh, M. A. J. Taylor, J. P. Montagner(2000), "On the Presence of Liquid in Earth's Inner Core", Science, 287, p. 2471.
[50] Bruce A. Buffett(1997), "Geodynamic estimates o the viscosity of the Earth's

inner core", Nature, 388, p. 571.
[51] Shun-ichiro Karatot(1999), "Seismic anisotropy of the Earth's inner core resulting from flow induced by Maxwell stresses", Nature, 402, p. 871.
[52] Gerd Steinle-Neumann, Lars Stixrude, R. E. Cohen, Oguz G Iseren(2001), "Elasticity of iron at the temperature of the Earth's inner core", Nature, 413, p. 57.
[53] Philip W. Livermore, Christopher C. Finlay & Matthew Bayliff(2020), "Recent north magnetic pole acceleration towards Siberia caused by flux lobe elongation", Nature Geoscience, 13, p. 387.
[54] www.sciencealert.com, 15 MAY 2020, "Earth's Magnetic North Is Moving From Canada to Russia. And We May Finally Know Why".
[55] Naoki Suda, Kazunari Nawa, Yoshio Fukao(1998), "Earth's Background Free Oscillations", Science, 279, p. 2089.
[56] Kiwamu Nishida, Naoki Kobayashi, Yoshio Fukao(2000), "Resonant Oscillations Between the Solid Earth and the Atmosphere", Science, 287, p. 2244.
[57] Naoki Kobayashi, Kiwamu Nishida(1988), "Continuous excitation of planetary free oscillations by atmospheric disturbances", Nature, 39, p. 357.
[58] Renee C. Weber, Pei-Ying Lin, Edward J. Garnero(2011), Quentin Williams, Philippe Lognonn, "Seismic Detection of the Lunar Core", Science, 331, p. 309.
[59] https://moon.nasa.gov›about›what-is-inside-the-moon "NASA Science", "Earth's Moon".
[60] Mark A. Wieczorek, et al.(2006), "The Constitution and Structure of the Lunar Interior", Reviews in Mineralogy and Geochemistry, 60, p. 221.

대행선사 법문 출처

대행선사(1999), 『허공을 걷는 길: 정기법회』, (재)한마음선원.
대행선사(1999), 『허공을 걷는 길: 법형제회법회』, (재)한마음선원.
대행선사(1999), 『허공을 걷는 길: 국내지원법회』, (재)한마음선원.
대행선사(1999), 『허공을 걷는 길: 국외지원법회』, (재)한마음선원.
대행선사(1999), 『허공을 걷는 길: 일반법회』, (재)한마음선원.
대행선사(2010), 『한마음 요전』, (재)한마음선원.
대행선사(1987), 『영원한 나를 찾아서』, 글수레.
대행선사(1991), 『무』, 글수레.
대행선사(1988), 『한마음: 대행스님대담집』, 글수레.
대행선사(1991), 『회보』, (재)한마음선원.

사진 및 그림 출처

아래에 본 저서에 인용한 사진과 그림의 출처를 밝힙니다. 출처를 적지 않은 몇 개의 그림 (그림 7-2, 그림 7-6, 그림 7-8, 그림 8-1, 그림 8-7, 그림 8-9)들은 internet에서 얻었습니다. 출처가 분명하지 않은 그림을 만드신 분들에게 감사드립니다. 나머지 그림들은 아래에 있는 문헌들을 참고하여 그렸습니다. 감사드립니다.

〈사진 출처〉
- NASA: Astronomy Picture of the Day
- 나무위키, '뉴런'.

〈그림 출처〉
- 김형진(2004), 빛과 우주, 화산문화 출판사
- Andrew Fraknoi, David Morrison, Sidney Wolf(1998), 우주로의 여행, 청범, 543쪽
- 스티븐 호킹(1998), 시간의 역사, 까치, 122쪽
- 짐 알칼릴리(2003), 블랙홀 교실, 사이언스 북스
- 한국천문연구원
- Universe Today(2020), March 12
- Newton Highlight, (주)뉴턴사이언스

부록(Appendix)

지구의 내부 구조에 대한 연구

: 텅 빈 삼겹구조

최상욱(한마음과학원)
Sangwook Choi (Hanmaum Science Institute)

| 목차 |

요약/ 217

Ⅰ. 서론/ 219
Ⅱ. 텅 비어 있는 지구의 내부구조/ 221
Ⅲ. 텅 빈 지구 내부의 물리량에 대한 분석/ 226
   1. 텅 빈 지구 내부 중력장/ 226
   2. 자유진동(free oscillation)/ 232
Ⅳ. 향후 연구과제: 지구자기장/ 238
Ⅴ. 결론/ 243
Ⅵ. 사사(Acknowledgement)/ 245

참고 문헌/ 246

| 요약 |

본 논문에서는 기존 지진파 자료를 재해석하여 액체 상태에 있는 지구 외핵이 기체 상태, 즉 텅 비어 있을 가능성에 대하여 살펴보았다. 그리고 텅 빈 지구 내부구조 모델을 바탕으로 지구 내부 중력장과 지구의 자유진동(free oscillation)에 대하여 분석을 하였다.

기존 지구물리학 연구에 의하면 중력장은 지구의 외핵과 내핵을 포함한 핵(core) 내부에서는 선형적으로 감소한다. 반면에 본 논문에서는 외핵이 텅 비어 있는 경우에는 중력장이 내핵의 내부에서는 지구 중심으로 갈수록 기존 지구물리학 연구에서와 같이 선형적으로 감소하지만, 외핵(텅 빈 공간)에서는 내핵을 향해 갈수록 뉴턴의 만유인력 법칙에 의하여 반지름 제곱에 반비례하여 증가한다는 것을 보였다.

그리고 지구 자유진동에서는 지구의 텅 빈 공간(외핵) 내에서 발생한 정상파가 원인이 되어 지구의 자유진동이 일어나고, 자유진동의 모드(mode) 중에서 체적변화를 수반하는 구상진동(spheroidal vibration)이 지배적이라고 분석하였다. 그리고 이 구상진동 주파수에 대한 추정치는 mHz 단위(the order of 10^{-3} of Hz)로 나타낼 수 있는 저주파로서 기존 지구물리학의 관측 결과와 비교하였다.

● 주제어: 텅 빈 지구, 지진파, 중력장, 자유진동, 지구자기장

| ABSTRACT |

In this paper, the existing seismic wave data were reinterpreted to examine the possibility that the outer core of the Earth in a liquid state is gaseous, that is, empty. Based on the empty internal structure of the Earth, the gravitational field inside the Earth and the free oscillation of the Earth were analyzed. According to existing geophysical studies, the gravitational field decreases linearly inside the core, including the Earth's outer core and inner core. On the other hand, we showed that, if the outer core is empty, the gravitational field decreases linearly from the surface of the inner core to the center of the earth, whereas in the outer core(empty space), it increases inversely to the square of the radius toward the inner core. In addition, it was analyzed that normal waves generated within the Earth's empty space(outer core) cause free vibration of the Earth, and spheroidal vibration accompanying volumetric change in mode of free vibration is dominant. The estimate of this spherical vibration frequency was the low frequency that can be expressed in mHz units(the order of 10^{-3} of Hz) and was compared with the frequency measured in existing geophysics.

● Keyword: Empty Earth, Seismic Wave, Gravitational Field, Free Vibration, Earth's Magnetic Field

Ⅰ. 서론

 기존 지구물리학에 의하면 지구의 내부구조는 고체 상태의 맨틀, 액체 상태의 외핵 그리고 고체 상태의 내핵의 삼겹구조로 크게 나눌 수 있다.[1-6] 지각과 맨틀은 고체 상태 그리고 핵은 외핵과 내핵으로 나누어지는데, 외핵은 맨틀 아래에서 내핵의 경계까지(2,900km~5,100km)로 액체 상태일 것으로 추정된다. 내핵은 외핵 아래에서 지구 중심까지(5,100km~지구 중심)로 고체일 것으로 추정된다. 지구 표면을 파고 들어가 지구 내부를 조사하는 것은 시추기술의 한계 때문에 불과 수 km 정도이다. 그래서 지질학자는 예상되는 지구 내부의 상태(물질, 고온, 고압환경)를 실험실에서 재현하여 실험하기도 한다.[1-6]

 지구물리학에서는 이와 같이 속이 꽉 찬 구체를 가정하여, 지구물리학 연구에 있어 기본이 되는 중요한 물리량인 밀도, 압력, 온도 등을 분석하여 왔다. 하지만 속이 꽉 찬 구체 모델에서는 복잡한 가정을 바탕으로 지구 밀도함수의 이론적인 식과 모델을 세우고 압력, 지구 중력장을 유도하였다.[2] 또한 지구 내부 온도는 지구 외핵이 철의 합금으로 이루어진 액체이고 내핵은 철의 합금으로 구성된 고체라고 가정하고, 철의 용융곡선으로부터 지구 내부 온도를 예측하였다.[3] 그리고 지구의 자유진동의 분석에 있어서도 지구가 속이 꽉 찬 강체라는 가정하에서, 복잡한 지구 전체의 변형에 기인한 모델을 세우고 분석하여 왔다.[2]

대행선사는 지구, 달, 태양은 같은 텅 빈 구조를 가지고 있으며 지구, 행성, 태양, 별, 은하계들은 서로 하나로 연결되어 있다고 설법하였다.[7, 8] 본 논문에서는 텅 비어 있는 지구의 구조에 대하여 초점을 맞추어 연구하였다. 대행선사의 법문에 의하면 지구 내부는 비어 있는데, 북극과 남극은 지구 내부의 통로를 통해 서로 연결되어 있으며 남극 근처에 또 하나의 통로가 있다. 즉 인간의 신체가 위장, 소장, 대장이 있어 소통이 되듯이 지구 내부는 이와 유사한 텅 빈 구조를 통해 소통이 아주 정연하게 돼 있기 때문에, 지구가 너무 팽창되지도 않고 너무 타 버리지도 않게끔 압력과 온도를 조절한다고 설법하였다.[8]

본 논문에서는 대행선사의 법문을 유력한 가설로 삼아서, 지구 내부에 비어 있는 공간을 찾아서 텅 빈 지구 내부 구조의 모델을 연구하는 것이 본 논문의 목적이다. 본 논문에서는 지진파 데이터를 재해석하여 외핵이 텅 비어 있을 가능성, 즉 외핵이 기체로 구성되어 있다는 가설을 제시하고, 지구 내부 물리량을 기존 지구물리학에서와 같이 복잡한 가정과 분석을 하지 않고, 텅 빈 지구구조 모델을 바탕으로 심플하게 해석할 수 있음을 보였다.

Ⅱ. 텅 비어 있는 지구의 내부구조

지구물리학에서 지구 내부를 연구하는 유력한 수단은 지진발생 시 일어난 지진파를 이용하는 방법인데, 이 지진파가 지구 내부를 통과하여 온 정보를 바탕으로 지구 내부의 구조를 연구한다. 지진파의 전파속도는 매질의 밀도와 탄성에 따라 변하며, 반사와 굴절을 하므로 지구 내부를 통과하여 지표면에 도달한 지진파를 연구하면 지구 내부의 구조와 상태를 추정할 수 있다.[1-6] 지진파의 종류에는 P파(종파), S파(횡파), L파(표면파)가 있다. P파는 물질의 밀도 변화에 의해 전달되는 파로, 전파의 속도가 가장 빠르며 매질의 입자가 파의 진행 방향으로 전파하는 종파이다. P파는 고체, 액체, 기체를 통과한다. S파는 물질의 비틀림 상태에 의해 전달되는 파로, P파보다 속도가 느리며 매질의 입자가 파의 진행 방향에 직각으로 진동하는 횡파이다. S파는 고체만 통과하고 액체와 기체는 투과하지 못한다. L파는 지구 표면을 따라 전달되는 파로, 지진파 중에서 가장 속도가 느리지만 진폭은 커서 파괴력이 크다.

P파(Primary Wave)의 전파속도는 (식 1)로서 나타내어진다.[1,2]

$$V_p = \sqrt{\frac{\kappa + \frac{4}{3}\mu}{\rho}} \quad \text{(식 1)}$$

여기에서 κ는 체적탄성률, μ는 강성률, ρ는 밀도이다. 위의 식에 의하면 속도는 밀도의 제곱근에 역비례한다. 그러나 실제 관측에 의하면, P파 속도는 지구 내부로 들어갈수록 밀도가 커짐에도 불구하고 증가한다. 따라서 지진파의 속도가 밀도보다는 암석의 종류나 상태에 좌우되는 탄성의 영향을 크게 받는다고 할 수 있다.

S파(Secondary Wave)는 지진기록상에 P파 다음 기록되어 나타나며, 다음과 같이 표현된다.

$$V_s = \sqrt{\frac{\mu}{\rho}} \qquad \text{(식 2)}$$

액체와 기체 속에서는 μ (강성률) = 0이므로 S파는 전파되지 않는다. 즉 S파는 고체만 통과한다.

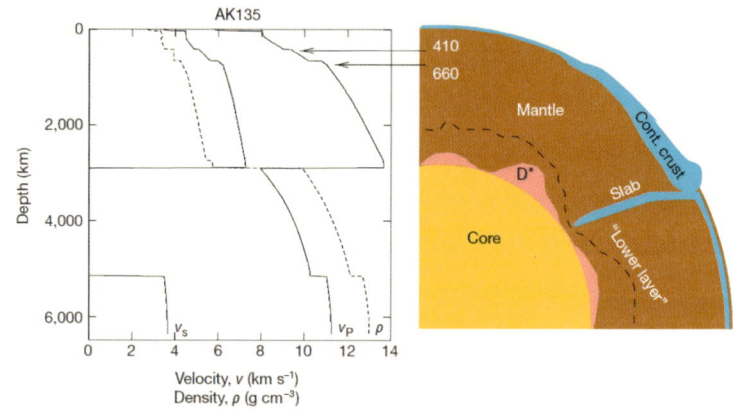

〈그림 1〉 지구의 깊이에 따른 지진파의 속도

출처: George R. Helffrich, Bernard J. Wood, "The Earth's Mantle", Nature, 412, p. 501(2001)
Vp, Vs, ρ는 각각 P파, S파의 속도 및 밀도를 나타낸다.

〈그림 1〉에 관측된 지구 깊이 변화에 따른 지진파의 속도변화를 나타내었다.[9] 지진파의 속도가 크게 변화하는 약 60km, 410km, 660km, 2,900km, 5,100km에 해당하는 경계면은 각각 지각, 상부 맨틀, 전이대, 하부 맨틀, 외핵, 내핵 사이의 경계면으로 추정되고 있다. P파는 지구 내부 전 영역을 통과하여 지나가나 약 2,900km 지점에서 그 속력이 거의 불연속적으로 급격히 떨어진다. 특이한 점은 S파는 맨틀과 외핵의 경계면인 약 2,900km 지점에서 투과하지 못한다. 기존 지구물리학에 의하면 S파는 액체를 투과하지 못하므로 외핵은 액체로 구성되어 있을 것으로 추정된다. 내핵은 압력이 더한층 증가함에 따라, 온도-압력 상평형도에서 고체 상태에 있을 것으로 추정되고 있다. 외핵과 내핵의 주성분은 Fe, Ni, Co이며 고온 고압 상태에 있을 것으로 추정되고 있다.

그러나 이러한 기존 지구과학에서의 지진파 해석과 달리 (식 2)에 의하면 S파는 액체와 기체를 통과하지 못하므로 외핵은 기체일 가능성이 있다는 것이 본 논문에서 제시하는 가설이다. 즉 〈그림 1〉에서 보는 바와 같이 외핵이 기체 상태에 있다면, 맨틀과 외핵의 경계면인 약 2,900km 지점에서 S파는 통과하지 못할 것이다. 또한 〈그림 1〉에서 보는 바와 같이, 고체(맨틀)에서 기체(외핵) 상태로의 상변화에 기인하여, P파의 속도는 거의 불연속적으로 급격히 감소하고, 속도변화의 전이영역의 폭도 좁으리라 예상된다. 〈그림 2〉에서 아래에 인용한 대행선사의 텅 빈 지구에 대한 법문을 유력한 가설로 삼아 예상되는 텅 빈 지구 구조의 모델을 도식하였다. 인용한 대행선사가 설법한 지구 내부에 텅 빈 공간이 존재하려면 S파가 통과하지 못하는 영역이 있어야 한다는 것이

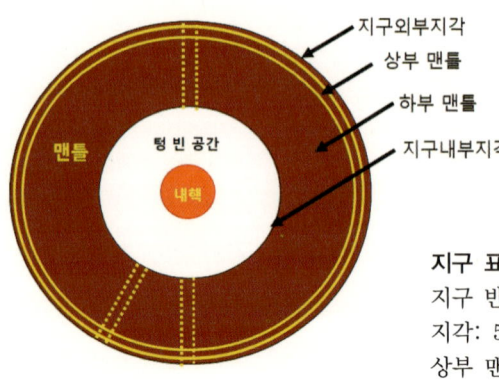

〈그림 2〉 텅 빈 지구의 구조
점선으로 나타낸 통로는 크기가 과장되어 있음.
지구 내부지각은 Gutenberg 경계면
(맨틀과 외핵의 경계면)과 일치한다.

지구 표면으로부터의 깊이
지구 반지름: 6,371km
지각: 5~60km
상부 맨틀: 60km~410km
전이층: 410km~660km
하부 맨틀: 660km~2,900km
외핵: 2,900km~5,100km
내핵: 5,100km~6,371km

필요조건이다. 대행선사가 설법한 점선으로 나타낸 남북으로 이어진 통로는 본 논문에서 분석하지 못한 부분이다.

> 가만히 보니까 남극이고 북극이고, 만년설이 무지하게 많아요. 그리고 이게 북극에서 남극으로 통로가 돼 있다면은 남극 바로 옆에, 아래 옆에 또 통로가 하나가 있거든요. 그것은 그 분비물이 다 나가게 할 수 있는 그런 자리라고 봅니다. 그렇다면 지구는 비었죠. 지구가 비었다고 볼 수 있죠. 사람도 소장이 있고 대장이 있고 그렇게 해서 소통이 되듯이, 우리가 보통 상식으로는 비었는지 차 있는지 그걸 모르겠지만 이 마음공부를 열심히 해보면 그것이 다 나타나 있습니다. 달도 비어 있지만 양극이 크게 구멍이 나서 연결이 되니까 양쪽으로 들이고 내고 하는 그 소

통이 아주 정연하게 돼 있기 때문에, 너무 팽창되지도 않고 너무 타 버리지도 않게끔 되는 것입니다. 이렇게 소통이 잘되고 수명이 길게 되고 짧게 되는 것도 이 모두가 우리의 마음에 달려 있다 이겁니다. 그것은 전체 우리 마음이 은하계에 결부돼 있기 때문입니다. 내가 여러분에게 옛날에 이런 얘길 했다면 '저 스님 왜 저래.' 이럴까 봐 안 한 겁니다. 십 년 전에도 내가 한마디 웃으면서 한 얘기가 있죠. "야, 지구도 비었어. 달도 비었어. 모두가 그러기 때문에 우리가 차 있다고 생각을 한다면 큰 오산이야"라고요.[8]

Ⅲ. 텅 빈 지구 내부의 물리량에 대한 분석

본 논문에서는 외핵 부분이 텅 비어 있는 지구 내부구조 모델을 바탕으로 지구 내부중력장, 자유진동에 대하여 분석을 하였다.

1. 텅 빈 지구 내부 중력장

속이 꽉 찬 지구 내부 온도와 조성변화에 의한 밀도변화의 효과를 무시하면, 밀도의 증가는 단열 압축만으로 일어난다고 할 수 있다. 이와 같은 가정을 바탕으로 지구 내부의 밀도 함수의 이론적인 식은 다음과 같이 유도된다.

$$\frac{d\rho}{dr} = -\frac{GM_r\rho(r)}{r^2(V_p^2 - \frac{4}{3}V_s^2)} \quad \text{(식 3)}$$

여기서 $\rho(r)$는 밀도 함수, M_r은 반경 r 내부의 총질량, G는 중력상수이다.

1936년 Bullen은 이 (식 3)을 적분하여 지구 내부에서의 밀도 분포의 모델을 얻었다.[3, 5] 〈그림 3〉은 지구 내부 밀도 분포와 밀도 분포로부터 유도한 압력 및 중력을 도시한 것이다. 〈그림 3〉에서 보는 바와 같이 외핵과 내핵을 포함한 핵(깊이 2,900km~6,371km)에

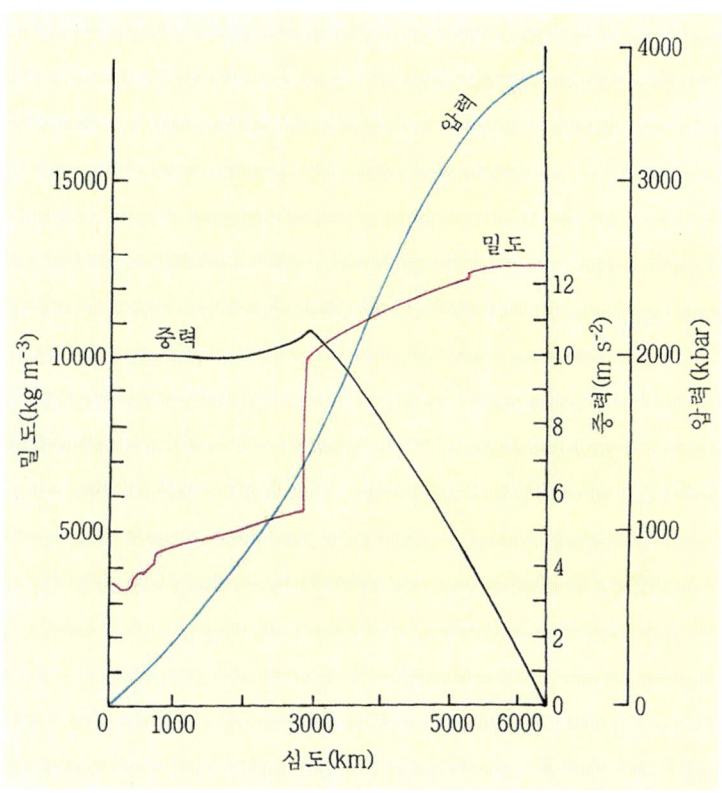

〈그림 3〉〉 꽉 찬 지구 내부 밀도 분포와 압력 및 중력의 변화 곡선

참고문헌: 박수인(1997), 지구과학개론, 교학연구사

서 선형적으로 감소하고 있다.

본 논문의 텅 빈 지구 구조 모델에서, 지구 내부의 외핵이 기체 상태에 있다면 고려되는 문제점은 그동안 지구 질량의 약 30%를 차지한다고 가정했던 이 지구 핵의 질량 중에서, 외핵의 질량(missing mass)을 맨틀 혹은 내핵 어디에 배분할 것인가 하는 것이다. 그럼에도 불구하고 텅 빈 지구 내부영역(외핵)에서의 중력장은

기존 지구물리학처럼 복잡한 가정을 하여 유도한 밀도 함수에 의존하지 않으므로 중력장 형태를 간단히 유도할 수 있다. 왜냐하면 지구 외핵(텅 빈 공간)에서의 중력장은 맨틀의 질량에 영향을 받지 않고, 외핵의 중력장은 내핵의 총질량(M)에 의존하기 때문이다. 그리고 향후 지구 외핵(텅 빈 공간) 영역에서의 중력장 형태에 대한 실험 데이터를 얻는다면, 꽉 찬 지구 모델과 텅 빈 지구 모델을 비교하는 중요한 지표가 될 것이다.

본 논문에서는 내핵의 밀도가 일정하다고 가정하고 지구 외핵(텅 빈 공간)과 내핵(고체)에서의 중력장의 형태에 대하여 분석을 하였다. 텅 빈 지구 내부 중력장은 다음의 Gauss적분을 이용하여 유도할 수 있다.

폐곡면 내부에 질량이 있는 경우 다음과 같은 Poisson 방정식이 적용된다.[2,5]

$$\nabla^2 U = -4\pi \, G\rho(r) \qquad (식\ 4)$$

여기서 U는 중력 퍼텐셜, $\rho(r)$는 질량 밀도, G는 만유인력상수이다.

$g = -\nabla U$를 이용하여 이 방정식을 다시 (식 5)와 같이 Gaussian 형태로 표현할 수 있다.

$$\oint g \cdot dS = 4\pi \, GM \qquad (식\ 5)$$

여기서 S는 가우스 표면에 수직인 면적벡터, M은 가우스곡면 내에 있는 물질의 질량, g는 중력가속도로서 지구 표면에서 값은 약 $9.8m/s^2$이다.

(식 5)에 의하면 지구 중력장은 Gaussian 곡면 내에 있는 물질의 질량에 의존한다. 〈그림 4〉에서 구체의 내부가 비어 있는 구 껍질(Shell)구조를 가지고 있을 경우의 중력장의 세기(g)를 나타내었다. 〈그림 4〉의 구 껍질구조에서 질량 밀도가 구 대칭 혹은 일정하다고 가정하여, Gauss 곡면(점선으로 표시된 구면)을 그려보면, 구 껍질이 내부 빈 공간에 미치는 중력의 세기는 영이다. 즉 구 껍질 내부의 텅 빈 공간을 감싸고 있는 Gaussian 곡면 내부에는 물질이 없으므로, 구 껍질 구조에서의 텅 빈 공간은 무중력상태이다.

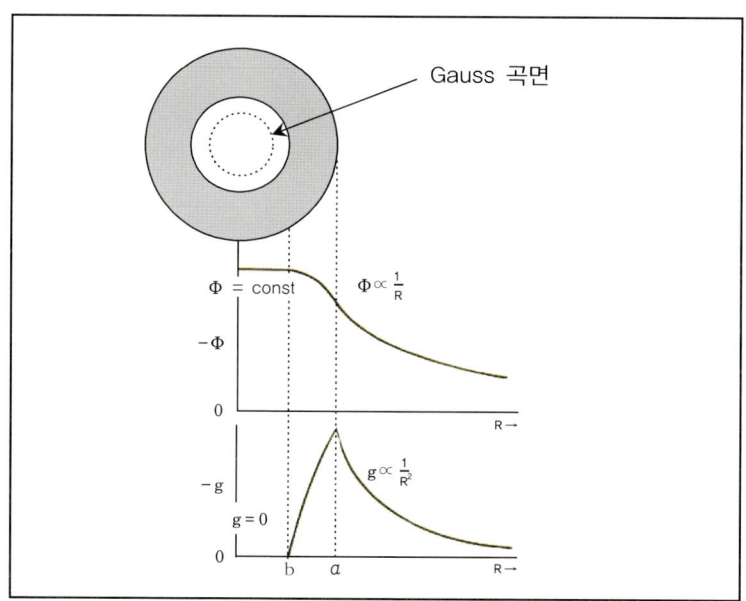

〈그림 4〉 구 껍질 구조에서의 중력장의 세기

y축은 중력 가속도(-g), 그리고 x축은 중심에서의 거리(R)에 대응된다.
참고문헌: Marion(1970), Classical Dynamics, Academic Press, INC.

그러나 본 논문의 텅 빈 지구 모델의 경우, 텅 빈 공간(외핵) 내부의 지구 중심에 내핵이 있으므로, 내핵에 의한 중력장의 지배를 받게 될 것이다. 〈그림 2〉와 〈그림 5〉에 나타낸 맨틀과 외핵의 경계면인 지구 내부 지각(Gutenberg 경계면)을 따라 Gauss 곡면을 그려서 $\oint g \cdot dS = 4\pi GM$ (식 5)를 이용하여 계산하여 보면, 다음의 관계식을 유도할 수 있다.

외핵(텅 빈 지구 내부 공간)의 영역에서의 중력장: $g = \dfrac{GM}{R^2}$ (식 6)

내핵(고체)의 영역에서의 중력장: $g = \dfrac{4\pi G\rho}{3} R$ (식 7)

여기서 R은 지구 중심에서의 거리, M은 지구 내핵의 총질량을 나타낸다.

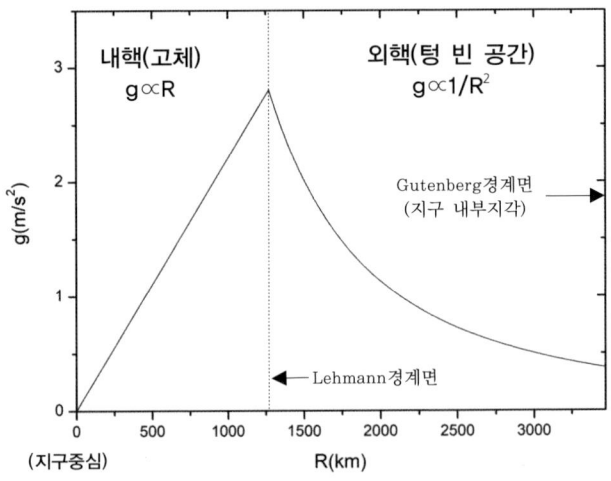

〈그림 5〉 텅 빈 지구 내부의 외핵(텅 빈 공간)과 내핵(고체)에서의 중력장의 세기

(식 6)과 (식 7)을 기반으로 그래프를 그려보면 지구 내부 중력장(g)은 〈그림 5〉와 같은 형태를 가질 것이다. 〈그림 5〉에서 Gutenberg 경계면은 맨틀과 외핵 사이의 경계면 그리고 Lehmann 경계면은 외핵과 내핵 사이의 경계면에 해당한다. 〈그림 5〉에서는 내핵은 철로서 구성되어 있는 밀도가 일정한 구체라고 가정하고, 철의 밀도 $7.9g/cm^3$을 대입하여 내핵의 총질량(M)을 계산하였다. 이 경우에는 내핵의 표면(Lehmann 경계면), 즉 〈그림 5〉에서 지구 반지름 1,271km 지점에서의 중력장의 세기는 $2.8m/s^2$로서, 지구 표면에서의 중력가속도는 $9.8m/s^2$ 그리고 달의 표면에서의 중력가속도는 $1.63m/s^2$이다.

  기존 물리학의 꽉 찬 지구 내부의 중력장을 나타내는 〈그림 3〉에서 보는 바와 같이, 내핵(inner core)과 외핵(outer core)을 포함한 지구 핵(core)에서의 지구 중력장은 지구 중심으로 감에 따라서 거의 선형적으로 감소한다. 그러나 〈그림 5〉에서 보는 바와 같이 텅 빈 지구 모델의 외핵(텅 빈 공간) 내에서는 중력장이 내핵으로 가까이 감에 따라 반지름(R) 제곱에 반비례하여 증가하다가 내핵의 내부에서는 선형적으로 감소하고 있다. 즉 〈그림 3〉과 텅 빈 지구 내부의 중력장을 나타내는 〈그림 5〉를 비교하여 보면, 내핵에서는 기존 지구물리학과 텅 빈 지구 구조에서 유도한 지구 중력장 형태는 선형적으로 감소하는 동일한 형태를 보여주고 있다. 그러나 꽉 찬 지구 외핵에서 중력장은 선형적으로 감소하는데 반하여, 텅 빈 지구 모델의 외핵에 해당하는 텅 빈 공간에서는 뉴턴의 만유인력법칙에 의하여 증가하고 있다.

  Dziewonski와 Gilbert는 1964년 알래스카에서 발생한 지진의 자유진동 주기를 분석하여 지구의 내핵이 고체라는 결론을 얻었다.[2,10] 그러므로 본 논문에서 분석한 지구 내부 중력장에 근거를 두어, 지구 내핵이 고체라고 가정하고 분석해 본다면, 지구를 우리가 살고 있는 집에 비유하여 볼 수 있다. 즉 〈그림 2〉에서 지구 표면은 지붕, 지구 내부지각(하부 맨틀과 외핵의 경계선)은 천정 그리고 지구 내핵 표면은 우리가 딛고 있는 바닥에 해당한다. 이 지구 내핵의 크기(반지름: ~1,300km)는 달의 크기(반지름: ~1,700km)와 비슷한데, 대행선사는 다음에 인용하는 법문에서, 지구 내부에 달 혹은 혹성이 있다고 설법하였는데, 지구 내부의 텅 빈 공간 속에 있는 내핵을 가리키는 것으로 생각된다.

> 내가 여러분에게, 달이 위에 있는 게 아니라 땅속에 있다고 한다면은 여러분이 거기까지 이해를 못해서 저이 미쳤다고, 만날 남이 못 알아듣는 말만 한다고 이럴까 봐, 여러분 자신이 스스로 알게끔 하기 위해서 거기까지 끌고 가는 겁니다, 지금.[11]
> 지구 안에도 혹성이 또 생길 수도 있어서, 집이 또 생길 수 있어서, 우리 생명들이 또 위대하게 살 수 있는 그런 집이 또 하나 생길는지도 모르죠. 저 북극 쪽으로 말이에요. 그것을 개발할 수 있는 그 정신력을 가진 것도 우리가 인간이기 때문이죠.[12]

2. 자유진동(free oscillation)

자유진동(free oscillation)이란 큰 규모의 지진이 발생한 이후, 마치 종을 친 것처럼 수일~수 주간에 걸쳐 나타나는 지구 전체의 진

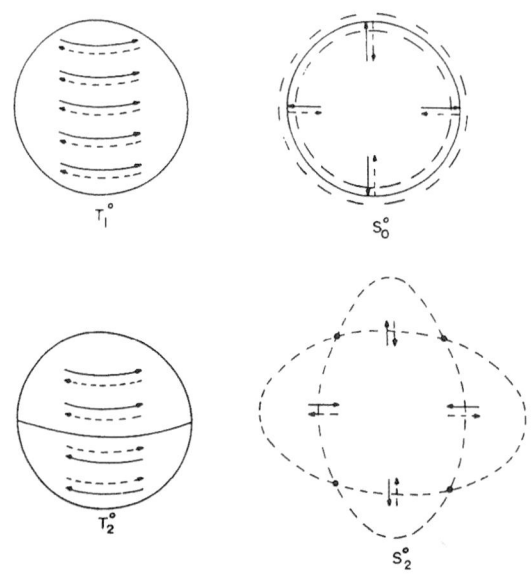

〈그림 6〉 간단한 자유진동 모드
S와 T는 각각 구상진동과 비틀림 진동을 나타낸다.
출처: 김성균(1996), 『고체지구물리학』, 교학연구사.

동이다. 지구물리학에서는 지구는 속이 꽉 찬 강철과 같은 탄성체라는 가정하에서 지구의 자유진동을 분석하여 왔다.[13] 자유진동의 고유진동수는 지구 내부의 구조와 물성에 의하여 결정되는데, 부피변화를 동반하는 구상진동(spheroidal vibration), 부피변화가 없는 비틀림 진동(torsional vibration)으로 나누어진다.[1,2]

〈그림 6〉은 다양한 자유진동 모드(mode) 중에서 기본적인 구상진동과 비틀림 진동의 모드(mode)를 보여준다. 기존 물리학에서는 이와 같은 꽉 찬 지구 모델로부터 유도한, 다양한 지구의 변형을 나타내는 자유진동 모드에 지진파 데이터를 대응시켜 분석하여

우주 이야기　233

왔다. 기존 지구물리학의 지구 자유진동 연구에 의하면, 체적변화를 수반하는 구상진동(spheroidal vibration)의 진동수는 0.1~7mHz 범위에 있다.[13-16] 지진파 관측역사상 가장 강력했던 1961년 칠레 대지진이 발생했을 때, 〈그림 7〉에서 보는 바와 같이 UCLA그룹에 의해 관측된 구상진동의 주기(주파수의 역수)는 대부분은 3분~10분이지만, 주기가 30분(0.6mHz) 내지 1시간(약 0.3mHz)에 이르는 장주기 구상진동도 관측되었다.[13] 일반적으로 지구물리학에서는 주기가 3분(약 6mHz) 이상의 주기를 가지는 진동을 자유진동으로 보고 있다.[2]

Table 2. Comparisons between the observed periods of free oscillations and those of theoratical calculations.

Smode		Period in minutes			
n	l	AIMST bserved	UCLA* observed	Gutenberg** model	Bullen B** model
0	0	20.3	20.46	-	20.65
1	0	10.10	10.21	-	9.99
2	0	-	-	-	-
3	0	-	-	-	-
0	2	-	52.80/54.98	53.52	53.70
1	2	24.40	24.65	24.32	24.75
2	2	14.90	15.03	15.15	15.49
3	2	-	-	9.67	9.78
4	2	-	-	7.98	7.99
0	3	34.43	35.24/35.87	35.33	35.50
1	3	18.5	17.68/17.88	17.63	17.94
2	3	13.81	13.53	13.25	13.58
0	4	26.80	25.85	25.54	25.73
1	4	14.40	14.30	14.11	14.38
2	4	11.92	12.08	11.96	12.25
0	5	-	19.83	19.66	19.85
1	5	11.03	-	10.92	11.12
2	5	11.03	-	10.92	11.12
0	6	16.04	16.07	15.92	16.12
0	7	13.38	13.42	13.44	13.64
0	8	11.45	11.78	11.74	11.95
0	9	10.58	10.57	10.54	10.77
0	10	9.83	9.685	9.65	9.88
0	11	9.087	8.934	8.95	9.18
0	12	8.26	8.368	8.38	8.61
0	13	7.88	7.882	7.90	8.11
0	14	7.40	7.408	7.48	7.68
0	15	7.11	7.101	7.11	7.30
0	16	6.85	6.78	6.78	6.96
0	17	6.56	6.488	6.49	6.66
0	18	6.36	6.232	6.23	6.39
0	19	6.01	3.002	6.00	6.14
0	20	5.80	5.778	5.78	5.91
0	21	5.65	5.608	5.59	5.70
0	22	5.50	5.423	5.40	5.48
0	23	5.25	5.255	5.24	5.29
0	24	5.17	5.104	5.08	5.12
0	25	4.94	4.959	4.94	4.96
0	26	4.80	4.828	4.81	4.82
0	27	4.69	4.703	4.68	4.70
0	28	4.55	4.585	4.56	4.58
0	29	4.46	4.476	4.45	4.47
0	30	4.36	4.366	4.34	4.37
0	31	4.22	4.270	4.24	4.26
0	32	4.12	4.167	4.15	4.16
0	33	4.063	4.089	4.06	4.06
0	34	4.01	3.99	3.97	9.97
0	35	3.94	3.92	3.89	3.88
0	36	3.82	3.837	3.81	3.79
0	37	3.75	3.755	3.73	3.71
0	38	3.66	3.681	3.66	3.63

Table 2. Continued.

Smode		Period in minutes			
n	l	AIMST bserved	UCLA* observed	Gutenberg** model	Bullen B** model
0	39	3.59	3.612	3.59	3.56
0	40	3.49	3.475	3.52	3.49
0	41	3.40	3.405	3.45	3.42

*Represent UCLA data by Ness *et al.* (1961).
**Represent theories.

〈그림 7〉 칠레 대지진 때 UCLA에서 측정한 구상진동의 주기

출처: 조원희, 한욱(1999), "지구 조석 중력계에 의한 지구의 자유진동에 대한 연구", Eco. Environ. Geol., 32, p. 653.

지구의 자유진동은 양끝이 고정된 줄에서 생겨나는 (식 8)의 파동방정식을 이용하여 분석할 수가 있다.[13] 즉 양끝이 고정된 줄의 경우 외부에서 힘을 가하면 공명현상에 의해 만들어진 정상파가 생겨나는데, 다음과 같이 나타낼 수 있다.

$$\frac{\partial^2 u}{\partial x^2} = \frac{1}{v^2}\frac{\partial^2 u}{\partial^2 t} \quad \text{(식 8)}$$

여기서 u는 줄의 변위, v는 파동의 속도, t는 시간이다.

(식 8)의 파동방정식을 만족하는 일반해는 각각 다른 고유진동수를 가지는 파동의 합으로 나타낼 수가 있는데, 정상파의 고유함수는 다음과 같이, n=1부터 무한대의 단위파의 중첩으로 표현된다.

$$f = \sum_{n=1}^{\infty} A_n e^{i\omega t} \sin\left(\frac{\omega_n x}{v}\right) \quad \text{(식 9)}$$

그리고 고유진동수는 다음과 같이 나타낼 수 있다.

$$f_n = \frac{\omega_n}{2\pi} = \frac{vn}{2L} \text{ (n = 1, 2, 3} \cdots \text{)} \quad \text{(식 10)}$$

여기서 v는 파동의 속도 그리고 L은 줄의 길이에 해당한다. 고유진동수들 중에서, n=1일 때의 주파수를 기본주파수(fundamental frequency)라고 하는데, 고유진동수들 중에서 가장 낮은 주파수이다. 그 외의 주파수(n=2,3,⋯)들을 배음(overtone)이라고 한다.[13] 즉 고유진동수들은 기본주파수의 정수배로서 양자화되어 있다.

텅 빈 공간에서의 정상파의 기본주파수를 대략적으로 추정치를 계산하면,

$$f_1 = \frac{v}{2L} \sim 0.2 \text{ mHz}이다.$$

여기서 대략적인 기본주파수 값의 범위를 추정하기 위하여 지진파의 속도(약 1km/s)와 외핵의 지름(약 2,200km)을 대입하였다. 이와 같은 약 0.2mHz의 값을 갖는 텅 빈 공간의 기본주파수와 지진파 관측 자료와 비교하여 볼 때, 텅 빈 공간의 기본주파수는 기존 지구물리학에서 관측되는 구상진동의 주파수 0.1~7mHz 범위의 값과 같은 단위(the order of 10^{-3} Hz)로 거의 일치한다. 즉 지구의 자유진동은 지구 내부의 텅 빈 공간에서의 공명현상에 의하여 만들어진 정상파에 기인한 구상진동(spheroidal vibration)이 지배적일 것이다. 자유진동의 구상 모드(spheroidal mode)는 지구 내부 빈 공간과 맨틀의 물성에 의하여 결정되고, 마치 종을 쳤을 때와 유사하게 지구 내부 빈 공간에서 생겨난 구상진동은 지구 전체로 퍼져 나가며 그 떨림은 장기간 계속될 것이다.

아래에 인용한 〈그림 8〉의 데이터는 1961년 칠레 대지진과 1964년 알래스카 지진 때 관측한 지구의 자유진동 스펙트럼(spectrum)을 보여준다.[2] 기존 지구물리학에서는 이 데이터를 분석할 때, 꽉 찬 지구의 다양한 변형모드에 지진파 스펙트럼을 대응

시키고 있다. 하지만 텅 빈 지구 모델을 이용하면, 칠레 대지진 때 발생한 관측된 구상진동의 주기들은 텅 빈 공간 내에서 발생하는 정상파의 고유진동수들에 대응시킬 수 있을 것이다. 〈그림 8〉에서 S_n으로 표기된 3mHz~12mHz 구간에 있는 구상진동의 모드를 살펴보면 약 2mHz 간격으로 구상진동이 양자화되어 있음을 보여준다. 즉 기존 지구물리학의 복잡한 지구의 변형에 기반을 둔 다양한 진동모드에 실험데이터를 대응시키기보다는, 텅 빈 공간에서 생겨난 정상파의 고유진동수들을 대응시켜 보다 간명하게 해석을 할 수 있다.

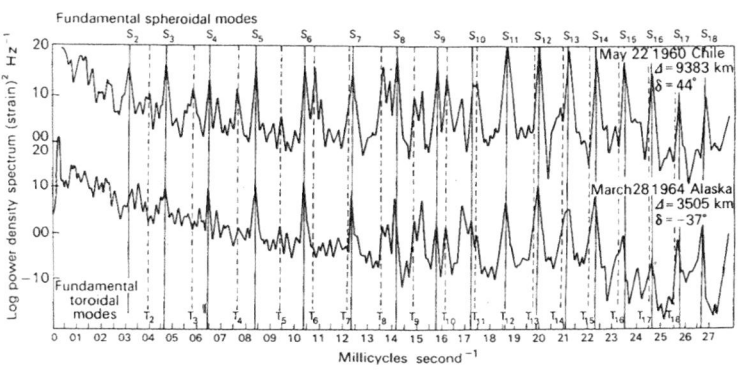

〈그림 8〉 지구 자유진동의 스펙트럼

출처: 김성균(1996), 『고체지구물리학』, 교학연구사.

요약하면 지구의 자유진동은 기존 지구물리학에서와 같이 복잡한 가정과 속이 꽉 찬 지구 모델에 기초를 둔 지구 전체의 다양한 변형에 의한 분석이 아니라, 텅 빈 지구 모델의 외핵(텅 빈 공간) 내에서 발생한 정상파의 고유진동수들로서 심플하게 해석할 수 있다는 것이다.

Ⅳ. 향후 연구과제: 지구자기장

 현대 지구물리학에 의하면, 지자기의 원인으로서는 영구 자화설, 다이나모설 등이 있다. 이 중에서 지자기의 원인으로서는 다이나모설이 유력한데, 지자기는 철, 니켈이 주성분인 액체 상태의 지구 외핵의 유동에 의해 발생한 전류에 기인한다는 설이다. 이 다이나모설을 기반으로 지구자기장과 지구 회전축의 불일치, 지구자기장 이동현상, 지자기 역전현상 등을 설명하여 왔다.[1-6]
 하지만 외핵이 텅 빈 지구 내부구조에서는 외핵이 기체로 차 있으므로 기존의 액체 상태의 외핵의 유동에 의해 자기장이 발생한다는 이론은 수정이 될 필요가 있다. 기존 지구물리학에 의하면 외핵의 유동은 철이 주성분인 외핵 내의 온도 차이, 화학적 조성의 차이, 혹은 지구의 회전운동 등에 의해서 일어난다고 하는 다양한 가설들이 있다. 이 이론들 중에서 명확히 검증되어 받아들여진 것은 없다. 온도 차이에 의해서 외핵의 대류가 일어난다는 가설을 살펴보면, 철은 열전도율이 높아 빨리 데워지고 빨리 식으므로 자기장을 오랜 시간 동안 유지할 수 없다. 즉 외핵의 대류현상에 에너지를 장기간에 걸쳐 공급하는 원인을 규명하는 것이 기존 지구물리학에서 해결하기 힘든 난제이다. 본 논문의 텅 빈 지구 구조 모델에서는 지구자기장은 하부 맨틀 혹은 지구 내핵에 기인할 것이라고 예상되는데, 기존 지구물리학의 꽉 찬 지구모델에 기반을 둔 복잡한 가정과 분석과는 달리, 텅 빈 지구 구조 모델에서는 내핵의 자기적 성질에 기반을 두어 단순하게 지구자기장을 해석할 수가 있다. 즉 현대 지구과학에서 관측된 지구자기장의 방향과 지구의 회전축이 일치하지 않고, 지구자기장의 북극과 남극의 방향이 이동하는 현상으로 미루어볼 때 지구자기장은 내핵에 기인할 가능성이 높다.

현대 지구물리학에서 발표된 내핵에 대한 연구를 살펴보면, 지구 내핵과 맨틀은 회전속도가 서로 다르며, 지진파의 전파속도가 적도 및 양극 방향에 따라 다른 현상이 발견되고 있다.[17-29]

기존 연구에 의하면 지구 내핵과 맨틀의 회전속도 차이는 유체상태의 지구 외핵의 대류에 의한 효과로 추정되고 있다.[17-22] Xiaoxia et al.(2003)은 지구 내핵이 지구 맨틀보다 $0.41 \pm 0.12°$ yr^{-1} 비율로 동쪽으로 빠르게 회전하고 있다고 발표하였다. 그리고 Livermore et al.(2013)의 후속 연구에 따르면 외핵은 서쪽으로 회전하고 있는 반면에 지구 내핵은 동쪽으로 회전하고 있는 맨틀보다 훨씬 빠른 속도로 동쪽으로 회전하고 있는데, 지구자기장이 내핵을 미는 효과로 인해서 내핵이 동쪽으로 빠르게 회전하고 있다고 발표하였다.[22]

그리고 지진파의 전파속도가 적도 방향과 양극 방향에 따라 다른 원인은 내핵 내에서 결정화된 철의 결정 방향의 이방성(anisotropy) 혹은 탄성적 성질(elasticity)의 이방성에 기인한다는 등 연구결과가 발표되었다.[23-29] Creager(1997)에 의하면 이와 같은 내핵의 철 결정 배열은 서반구와 동반구가 다른 결정배열을 하고 있다고 한다.[19] 그리고 Vidale et al.(2000)에 의하면, 시베리아 핵실험 시 발생한

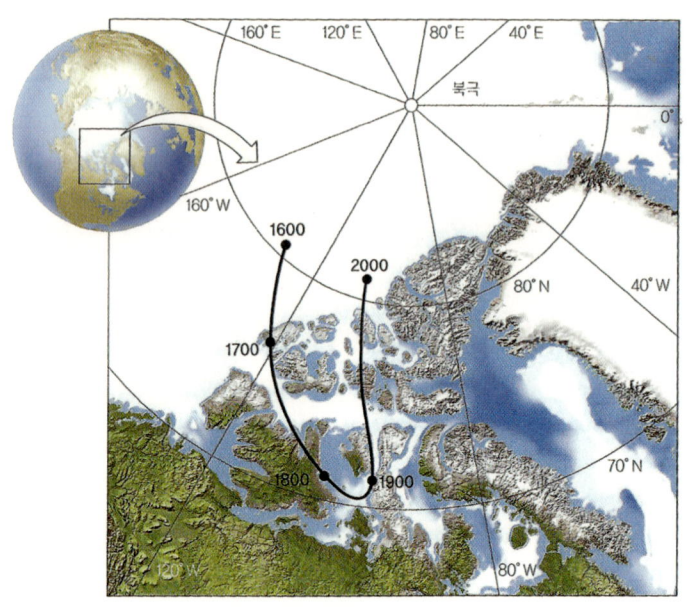

〈그림 9a〉 지구자기장의 이동
출처: John Grotzinger et al.(2009), 『지구의 이해』, 시그마프레스.

지진파 분석 자료는 지구의 회전축에 대하여 내핵의 회전축이 기울어져 있음을 암시한다. 이는 맨틀과 내핵 사이가 액체인 외핵으로 채워져 있다고 가정한, 기존 지구물리학 관점에서 본 핵의 역학적 측면에서는 이해하기가 힘든 현상이다.[19] Joanne Stephenson et al.(2020)의 연구에 의하면, 지구 내핵은 내핵 속에 또 다른 내핵(내내핵, innermost inner core)이 있는 이중구조로 되어 있는데, 내 내핵(innermost inner core) 안의 철 결정체는 동에서 서쪽으로 향하지만 내핵 안의 철 결정체는 북에서 남쪽으로 향하고 있다고 발표하였다.[29]

그러나 지구 맨틀과 내핵 사이가 텅 빈 공간이라면 지구 맨틀과 내핵이 회전축을 공유하지 않고 독립적으로 회전한다는 최근

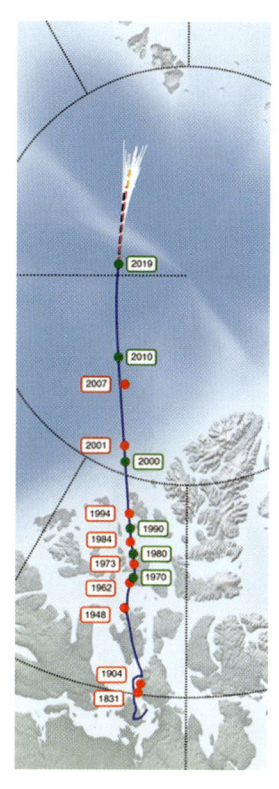

〈그림 9b〉 지구자기장의 이동
출처: Philip W. Livermore et al.(2020),
Nature Geoscience, 13, p. 387.

지구물리학의 예측은 예상될 수 있는 결과이다. 즉 지구의 내핵 속도가 맨틀 속도(지구자전 속도)와 다른 원인은 텅 빈 공간 내에서 각각 독립적으로 회전하고 있는 내핵과 맨틀을 고려할 때 역학적으로 가능하리라 보인다. 그러므로 만일 지자기의 원인이 내핵의 자기적 성질에 있다면, 지구자기장 방향은 지구 회전축과 반드시 일치하지는 않을 것으로 예상된다. 기존 지구물리학에서, 지구 쌍극자(dipole moment) 모형을 이용하여 계산한 지자극(geomagnetic pole)의 방향은 지구 회전축에 대하여 약 11.5° 정도 기울어져 있다.[1-6]

그리고 지자극(geomagnetic pole)의 위치는 자극(magnetic pole)에 비해 느리지만 변하고 있다. 2020년 발표된 Livermore et al.의 연구에 따르면 유동성 맨틀과 회전하는 지구 핵(core)은 자북(north magnetic pole)의 위치에 영향을 미치는데, 현재는 시베리아 쪽의 자기장의 세기가 캐나다 쪽의 자기장보다 크기 때문에, 자북(north magnetic pole)은 캐나다에서 시베리아 쪽으로 이동 중이다.[29,30] 〈그림 9a〉와 〈그림 9b〉는 지난 수백 년간의 지구자기장 이동현상을 보여주는데, 1600년 이후 캐나다 쪽으로 이동하다가, 유턴하여

1900년 이후로는 시베리아 쪽으로 이동하고 있다. (3,30,31)

　하지만 본 논문의 텅 빈 지구 구조 모델에서, 지구 내핵이 자기적 성질을 가지고 있다면, 내핵의 구조 및 세차운동을 포함한 내핵의 회전에 의한 효과로 인해, 지구자기장의 방향이 지구 회전축과 일치하지 않고 지구자기장 방향이 이동할 가능성이 있다. 이 가능성에 대한 연구가 향후 연구과제로 남아 있다.

　지구자기장은 지자극의 이동현상과 더불어 수십만 년을 주기로 N극과 S극이 갑자기 뒤바뀌기도 하는 지자기 역전현상이 일어난다.(1-6) 고지자기 연구에 따르면, 과거에 지자기 역전은 평균 25만년에 한 번씩 일어났다고 하는데, 이 지자기 역전현상 역시 회전하고 있는 지구 내핵이 원인일 가능성이 있다. 이 지자기 역전에 대한 내핵의 구조와 회전의 연관성 연구가 향후 연구과제이다. 다음에 지자기 역전에 대한 대행선사 과학법문을 인용하였다.

> 때로는 북극이 남극이 되고, 남극이 북극이 되고 그러거든요. 왜 그럴까. 이거 한번들 생각해 보셨어요? 즉 거꾸로, 북극이 북극대로 그냥 있지 않고 남극이 남극대로 그냥 있지 않아요. 남극이 북으로 됐다가 북이 남극으로 됐다가 이렇게 돌아오거든. 그래도 그 역할을 그대로 한단 말입니다. 그래서 우리가 말을 한마디 했다 하면 벌써 이건 일초 전이 과거야. 일초 후가 미래고, 지금 말하는 요게 현실이지. 그러니까 찰나찰나 그렇게 화해서 돌아가는데 어떤 거를 글자로 똑 집어서 요건 요렇다 하고 써 놓을 수가 있겠느냐는 얘기지. 이 모두가 그렇게 돌아가는데…. (31)

V. 결론

 본 논문에서는 현대지구과학에서의 지진파 자료의 재해석을 통해 그동안 철과 니켈, 코발트가 주성분인 액체 상태에 있을 것이라고 추정되어 온 외핵이 기체 상태에 있을 가능성에 대해 살펴보았다. 즉 지구 외핵을 S파가 통과하지 못하므로 지구 외핵이 비어 있을 가능성이 높다는 것이 본 논문의 핵심이다. 요약하면, 지구는 맨틀, 텅 빈 공간(외핵) 그리고 지구 중심에 위치해 있는 내핵의 삼겹구조로 이루어졌을 것으로 추정된다.

 본 논문에서는 외핵이 기체로 이루어졌다는 가설을 세우고, 텅 빈 지구 구조 모델을 바탕으로 지구 내부 중력장, 지구 자유진동, 지구자기장에 대한 연구를 하였는데 기존의 지구물리학과는 다르게 복잡한 가정을 하지 않고 심플하게 해석할 수 있음을 보였다. 지구 내부 중력장의 경우, 기존 지구물리학에서 연구된 중력장과 텅 빈 지구 구조에서의 내핵에서의 중력장의 형태는 똑같이 지구 중심으로 갈수록 중력장이 선형적으로 감소함을 보였다. 그러나 외핵(텅 빈 공간) 내에서는 기존 지구물리학의 꽉 찬 지구 구조에서는 선형적으로 감소하지만, 텅 빈 지구 구조에서는 반지름 제곱에 비례하여 증가하는 것을 보였다.

 텅 빈 지구 내부 공간에서 발생하는 정상파에 대한 분석에 의하면, 기본주파수가 대략~0.2mHz의 값을 가질 것으로 추정되는데, 지구물리학에서 관측되는 자유진동의 주파수, 대략 0.1~7mHz 범위의 값과 거의 일치하였다. 그리고 지구의 자유진동은 꽉 찬 지구의 다양한 변형 모드(mode)보다, 텅 빈 지구 구조 모델을 이용하여서 텅 빈 공간에서 생겨난 정상파에 의한 공명현상으로서 심플하게 해석할 수 있음을 보였다.

나아가 그동안 외핵이 액체 상태라고 가정하고 기존 지구과학에서 연구되어 온 지구자기장은 지구의 텅 빈 구조를 기반으로, 내핵과 관련시켜 단순화시킬 수가 있는데, 지구의 자전과 다른 속도로 돌고 있는 내핵의 회전운동 및 구조에 대한 연구가 향후 연구과제이다. 그리고 지구물리학에서 중요한 물리량인 온도, 압력의 경우에는 '지구 내부가 텅 비어 남북으로 통로가 있어 소통이 되어서 온도와 압력을 조절한다'[8] 는 대행선사의 설법을 참고할 때, 기존 연구된 물리량보다 낮은 값을 가질 것으로 예상되는데, 향후 연구과제로 남아 있다.

VI. 사사(Acknowledgement)

본 논문 저자가 지구가 비었다는 것을 확신하게 된 동기는 지구에 대한 대행선사의 과학법문에 기인한다. 이 선사의 과학법문이 아니었다면 저자가 고등학교 지구과학을 배울 때, 지구가 비었다는 생각에 느꼈던 전율을 논문에 옮길 작업을 하지 않았을 것이다. 이 논문을 쓰는 데 있어서 응원과 조언을 하여 주신 안인옥 박사님을 비롯한 한마음과학원 법문팀 법우님들과 항상 저자를 응원을 하여 주시는 의학분과 안영우 원장님께 감사를 드린다. 그리고 본 논문의 구체적인 내용에 대하여 물리학과 안영민 박사님과 나눈, 장시간에 걸친 자극적인(stimulating) 대화에 대하여 특별한 감사함을 드린다. 물리학은 복잡함에서 단순화시키는 작업을 하는 학문이고, 이 단순한 아름다움을 추구하여 온 것이 물리학이 흘러 온 역사이기도 하다. 본 논문에서 제안한 텅 빈 지구 모델 연구가, 대행선사가 밝힌 —현재는 받아들이기 힘들겠지만— 우주에 대한 연구에 작은 보탬이 되었으면 하는 것이 저자의 바람이다.

참고 문헌

(1) Robert J. Lillie(2001), 『지구물리학』, 김기영, 김영화 편역, 시그마프레스.
(2) 김성균(1996), 『고체지구물리학』, 교학연구사.
(3) John Grotzinger, Thomas Jordan, Frank Press, Raymond Siever(2009), 『지구의 이해』, 조석주 외 옮김, 시그마프레스, pp. 2-23, 286-321, 386-413.
(4) 최진범, 조현구, 좌용주, 손영관, 김우한, 김순오(2009), 『지구라는 행성』, 이지북.
(5) 한국지구과학회(1997), 『지구과학개론』, 박수인 편집, 교학연구사, pp. 60-91, 360-387.
(6) 민경덕, 서정희, 권영두(2002), 『기초지구물리학』, 도서출판 우성.
(7) 대행선사(1999), 『허공을 걷는 길: 정기법회』, 3권, p. 116, (재)한마음선원.
(8) 대행선사(1999), 『허공을 걷는 길: 법형제회법회』, 2권, p. 931, (재)한마음선원.
(9) George R. Helffrich, Bernard J. Wood(2001), "The Earth's Mantle", Nature, 412, p. 501.
(10) A. M. Dziewonski, F, Gilbert(1971), "Solidity of the Inner Core of the Earth inferred from Normal Mode Observations", Nature, 234, 465.
(11) 대행선사(1999), 『허공을 걷는 길: 정기법회』, 1권, p. 130, (재)한마음선원.
(12) 대행선사(1999), 『허공을 걷는 길: 일반법회』, 1권, p. 273, (재)한마음선원.
(13) 조원희, 한욱(1999), "지구 조석 중력계에 의한 지구의 자유진동에 대한 연구", Eco. Environ. Geol. 32, p. 653.
(14) R. Widmer-Schnidrig(1999), "Free Oscillations illuminate the Mantle", Nature, 398, 292.
(15) Naoki Suda, Kazunari Nawa, Yoshio Fukao(1998), "Earth's Background Free Oscillations", Science, 279, p. 2089.
(16) Cheng-Yin et al., "Earth's free oscillations excited by the 2011 Tohoku earthquake recorded in multiple GPS networks", Earth, Planets and Space, 73, Article number:114
(17) Kenneth C. Creager(1997), "Inner Core Rotation Rate from Small-Scale Heterogeneity and Time-Varying Travel Times". Science, 278, p. 1284.
(18) F. A. Dahlen(1999), "Latest spin on the core", Nature, 26, p. 402.
(19) Henri-Claude Nataf(2000), "Inner core takes another turn", Nature, 405, p. 411.
(20) John E. Vidale, Doug A. Dodge & Paul S. Earle(2000), "Slow differential rotation of the Earth's inner core indicated by temporal changes in scattering",

Nature, 405, p. 445.
(21) Xiaoxia Xu and Xiaodong Song(2003), "Evidence for inner core super-rotation from time-dependent differential PKP traveltimes observed at Beijing Seismic Network", Geophys. J. Int., 152, p. 509.
(22) Philip W. Livermore, Rainer Hollerbach, Andrew Jackson(2013), Electromagnetically driven westward drift and inner-core superrotation in Earth's core", Proceedings of National Academy of Sciences, 110, p. 15914.
(23) Andrew Jephcoat and Keith Refson(2001), "Core beliefs", Nature, 413, p. 27.
(24) S. C. Singh, J. P. Montagner(1999), "Anisotropy of iron in the Earth's inner core", Nature, 400, p. 629.
(25) S. C. Singh, M. A. J. Taylor, J. P. Montagner(2000), "On the Presence of Liquid in Earth's Inner Core", Science, 287, p. 2471.
(26) Bruce A. Buffett(1997), "Geodynamic estimates of the viscosity of the Earth's inner core", Nature, 388, p. 571.
(27) Shun-ichiro Karatot(1999), "Seismic anisotropy of the Earth's inner core resulting from flow induced by Maxwell stresses", Nature, 402, p. 871.
(28) Gerd Steinle-Neumann, Lars Stixrude, R. E. Cohen, Oguz G Iseren(2001), "Elasticity of iron at the temperature of the Earth's inner core", Nature, 413, p. 57.
(29) J. Stephenson et al.(2021), "Evidence for the Innermost Inner Core: Robust Parameter Search for Radially Varying Anisotropy Using the Neighborhood Algorithm", JSR. Solid Earth, 126, p. 2812.
(30) Philip W. Livermore, Christopher C. Finlay, Matthew Bayliff(2020), "Recent north magnetic pole acceleration towards Siberia caused by flux lobe elongation", Nature Geoscience, 13, p. 387.
(31) www.sciencealert.com, 15 MAY 2020, "Earth's Magnetic North Is Moving From Canada to Russia. And We May Finally Know Why".
(32) 대행선사(1999), 『허공을 걷는 길: 법형제회법회』, 2권, p. 1265, (재)한마음선원.